中等职业教育国家规划教材配套教材
中等职业学校教学用书

Internet 应用
（第5版）
上机指导与练习

主　编　黄洪杰

副主编　刘保堂

电子工业出版社

Publishing House of Electronics Industry

北京·BEIJING

内 容 简 介

本书是与中等职业教育国家规划教材《Internet 应用（第 5 版）》配套使用的上机实验操作指导书。书中的练习题覆盖了《Internet 应用（第 5 版）》教材的主要内容。练习题分为三类：第一类是基础知识题，用于加强对基本概念、基础知识的理解和掌握，以选择题和填空题为主，是对教材中简答题的补充；第二类是上机实验操作题，对实验操作提出要求，并对难点、要点给予提示，要求操作者独立操作并完成实验报告，完成操作总结；第三类是选做题，具有一定难度，读者必须具备一定的软硬件知识才能完成。

本书突出理论联系实际，注重介绍新知识、新技术、新工艺和新方法。强调内容的实用性、针对性，注重培养学生的实际应用能力和操作能力，内容叙述力求深入浅出、图文并茂、通俗易懂，内容编排力求简洁明快、形式新颖、目标明确。

为了方便教师教学，本书还配有电子教学参考资料包，详见前言。

未经许可，不得以任何方式复制或抄袭本书之部分或全部内容。
版权所有，侵权必究。

图书在版编目（CIP）数据

Internet 应用（第 5 版）上机指导与练习/黄洪杰主编. —北京：电子工业出版社，2024.1

ISBN 978-7-121-47218-3

Ⅰ. ①I… Ⅱ. ①黄… Ⅲ. ①互联网络－中等专业学校－教学参考资料 Ⅳ. ①TP393.4

中国国家版本馆 CIP 数据核字（2024）第 010971 号

责任编辑：关雅莉　　　文字编辑：张志鹏
印　　刷：涿州市京南印刷厂
装　　订：涿州市京南印刷厂
出版发行：电子工业出版社
　　　　　北京市海淀区万寿路 173 信箱　邮编　100036
开　　本：880×1 230　1/16　印张：9　字数：216 千字
版　　次：2014 年 2 月第 1 版
　　　　　2024 年 1 月第 5 版
印　　次：2024 年 1 月第 1 次印刷
定　　价：25.00 元

凡所购买电子工业出版社图书有缺损问题，请向购买书店调换。若书店售缺，请与本社发行部联系，联系及邮购电话：(010) 88254888，88258888。

质量投诉请发邮件至 zlts@phei.com.cn，盗版侵权举报请发邮件至 dbqq@phei.com.cn。

本书咨询联系方式：(010) 88254576，zhangzhp@phei.com.cn。

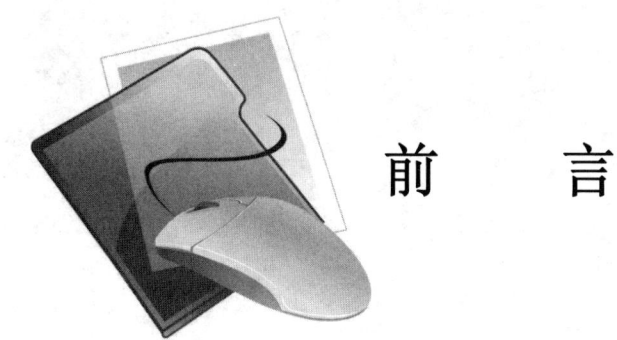

前　言

党的二十大报告指出，"统筹职业教育、高等教育、继续教育协同创新，推进职普融通、产教融合、科教融汇，优化职业教育类型定位。"职业教育不但支撑了受教育者终身可持续发展，更是服务于国家战略和经济社会发展的需求。

本书是与中等职业教育国家规划教材《Internet 应用（第 5 版）》配套使用的上机实验操作指导书。其宗旨是以 Internet 应用和网页制作的基本概念为基础，通过上机实验操作和练习，理解和掌握从教材中学到的知识与技能。

学习 Internet 应用和网页制作技术不要求读者学习过多的理论知识，主要是对操作过程和步骤的熟练掌握，包括对浏览器、电子邮件程序、Dreamweaver 等相关应用软件使用技巧的掌握，核心是培养动手能力。本书共分为 4 个模块，模块 1 为计算机网络基础，模块 2 为 Internet 基础，模块 3 为使用 Dreamweaver 制作网页，模块 4 为管理与发布网站。其中，模块 2、模块 3 是本书的重点。

Internet 在我国各城市已经非常普及，各种上网方式基本可以满足上网操作的需求。为了使职业学校的学生能够通过实际操作学习 Internet 的应用，我们编写了这本上机实验操作指导书。

本书由黄洪杰担任主编，刘保堂担任副主编，黄奕凯、钱力等参与了编写工作。由于编者水平有限，书中难免存在疏漏和不足之处，殷切希望得到广大师生的批评和指正。

为了方便教学，本书还配有素材文件、习题答案等，请有需要的读者登录华信教育资源网免费注册后进行下载，有问题时请在网站留言板留言或与电子工业出版社联系（E-mail：hxedu@phei.com.cn）。

感谢您选用了这本书，期待您对本书提出建议和指导。

编　者

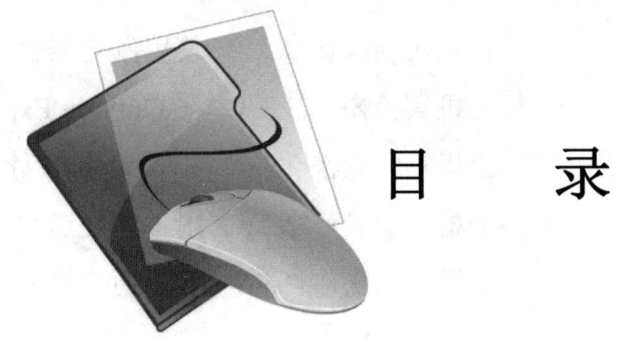

目 录

模块 1　计算机网络基础 ………………………………………………………………… 1

   1.1　计算机网络概述 …………………………………………………………………… 1

   1.2　计算机网络的组成和分类 ………………………………………………………… 2

   1.3　数据通信基础 ……………………………………………………………………… 4

   1.4　网络参考模型和网络协议 ………………………………………………………… 6

   1.5　局域网技术 ………………………………………………………………………… 8

   1.6　网络管理和安全 …………………………………………………………………… 10

   1.7　绘制网络结构图 …………………………………………………………………… 11

模块 2　Internet 基础 …………………………………………………………………… 14

   2.1　接入 Internet ……………………………………………………………………… 14

       上机实验操作 2.1.1　设置 IP 地址 …………………………………………… 19

   2.2　使用浏览器 ………………………………………………………………………… 23

       上机实验操作 2.2.1　在线浏览 WWW 网站 ………………………………… 26

       上机实验操作 2.2.2　添加到个人收藏夹 …………………………………… 30

       上机实验操作 2.2.3　使用历史记录 ………………………………………… 34

       上机实验操作 2.2.4　保存网页上的信息资源 ……………………………… 40

       上机实验操作 2.2.5　Edge 的基本设置 ……………………………………… 44

       上机实验操作 2.2.6　搜索引擎应用 ………………………………………… 50

   2.3　使用电子邮件 ……………………………………………………………………… 53

       上机实验操作 2.3.1　免费电子邮箱的申请（选做） ……………………… 54

上机实验操作 2.3.2　使用浏览器收发和管理电子邮件 …………………………56

上机实验操作 2.3.3　在 Outlook Express 中设置邮箱 ……………………………58

上机实验操作 2.3.4　在 Outlook 中接收和发送电子邮件 ………………………61

上机实验操作 2.3.5　附件的发送和阅读 …………………………………………64

上机实验操作 2.3.6　使用通信录 …………………………………………………66

2.4　下载文件 …………………………………………………………………………68

上机实验操作 2.4.1　在浏览器中直接下载软件 …………………………………69

上机实验操作 2.4.2　压缩与解压缩 ………………………………………………72

2.5　防治网络病毒 ……………………………………………………………………75

上机实验操作 2.5.1　使用杀病毒软件 ……………………………………………75

模块 3　使用 Dreamweaver 制作网页 ……………………………………………80

3.1　建立网站 …………………………………………………………………………80

上机实验操作 3.1.1　观察优秀网站，了解 HTML 语言 …………………………81

上机实验操作 3.1.2　熟悉 Dreamweaver 操作环境 ………………………………84

上机实验操作 3.1.3　建立一个网站 ………………………………………………87

3.2　设计网页的布局 …………………………………………………………………90

上机实验操作 3.2.1　确定网页布局，制作网页布局表格 ………………………90

3.3　使用文字与图像 …………………………………………………………………94

上机实验操作 3.3.1　在网页中输入文本 …………………………………………95

上机实验操作 3.3.2　在网页中插入图像 …………………………………………99

上机实验操作 3.3.3　设置网页上的文字 …………………………………………102

3.4　创建超链接 ………………………………………………………………………105

上机实验操作 3.4.1　建立文本超链接 ……………………………………………106

上机实验操作 3.4.2　建立图像超链接 ……………………………………………109

上机实验操作 3.4.3　建立网页书签（锚记超链接）……………………………111

3.5　使用样式 …………………………………………………………………………113

上机实验操作 3.5.1　使用 CSS 样式设置网页 ……………………………………114

3.6　使用"行为" ……………………………………………………………………117

上机实验操作 3.6.1　使用"行为"交换图像 ……………………………………117

上机实验操作 3.6.2　使用"行为"弹出对话框 …………………………………… 119

3.7　使用表单 ………………………………………………………………………………… 122

　　　上机实验操作 3.7.1　制作留言簿 …………………………………………………… 123

　　　上机实验操作 3.7.2　提交表单内容 ………………………………………………… 125

模块 4　管理与发布网站 …………………………………………………………………… 128

4.1　管理网站 ………………………………………………………………………………… 128

　　　上机实验操作 4.1.1　检查网站中的设置 …………………………………………… 128

4.2　发布网站 ………………………………………………………………………………… 131

　　　上机实验操作 4.2.1　发布网站（选做）…………………………………………… 131

模块 1 计算机网络基础

1.1 计算机网络概述

1. 计算机网络是（　　）和（　　）相结合而产生的。
   A．通信技术　　　　　　　　B．多媒体技术
   C．视频技术　　　　　　　　D．计算机技术
2. 计算机网络的主要组成部分为若干台主机、一个（　　）和一系列（　　）。
   A．服务器　　　　　　　　　B．客户机
   C．通信子网　　　　　　　　D．通信协议
3. 开放系统互联参考模型简称（　　）。
   A．Host　　　　　　　　　　B．OSI/RM
   C．TCP/IP　　　　　　　　　D．Internet
4. 下列选项中，（　　）和（　　）是在第三代计算机网络时产生的。
   A．面向终端　　　　　　　　B．OSI/RM
   C．Internet　　　　　　　　 D．通信子网
5. 下列选项中，（　　）和（　　）是计算机网络的主要功能。
   A．数据通信　　　　　　　　B．资源共享
   C．文件服务　　　　　　　　D．打印服务
6. 下列选项中，（　　）不是计算机网络的基本服务。
   A．应用 APP　　　　　　　　B．消息服务
   C．数据库服务　　　　　　　D．文件服务
7. 计算机技术、通信技术、多媒体技术及多种社会科学紧密结合，向人们提供一种全新的交流方式，称为（　　）。

A．计算机网络 B．计算机协同工作
C．计算机辅助设计 D．企业信息管理

8．目前，计算机网络发展的特点是（   ）和（   ）。

A．Internet 的广泛应用 B．智能手机广泛使用
C．5G 的广泛普及 D．高速网络技术的迅速发展

9．（多选题）高速网络技术的发展主要表现在以下哪些方面（   ）。

A．异步传输模式 ATM B．高速局域网
C．交换局域网 D．虚拟网络

10．下列选项中，不属于"全球一网"互联项目的是（   ）。

A．有线网与无线网的联合 B．邮电通信网与电视通信网的互联
C．手机与计算机的互联 D．固定通信与移动通信的互联

1.2 计算机网络的组成和分类

1．计算机网络主要由（   ）和（   ）组成。

A．网络硬件 B．网络服务器
C．网络操作系统 D．网络软件

2．网络硬件包括网络服务器、（   ）、传输介质和网络设备。

A．网络终端 B．网络路由器
C．网络交换机 D．网络集线器

3．（   ）是计算机网络的核心，为使用者提供主要的网络资源。

A．网络操作系统 B．网络服务器
C．Windows D．网络设备

4．网络软件包括（   ）、（   ）和（   ）。

A．网络操作系统 B．工作站软件
C．通信软件 D．通信协议

5．（   ）负责对网络上的各种资源进行管理、调度和控制。

A．网络服务器 B．拓扑结构
C．通信软件 D．网络操作系统

6. 下述软件中，（　　）不是网络操作系统。
   A．UNIX   B．Linux
   C．安卓   D．Windows 11

7. 局域网、城域网、广域网是按照（　　）进行分类的。
   A．拓扑结构   B．传输介质
   C．覆盖范围   D．网络规模

8. （多选题）按照拓扑结构，计算机网络可以分为（　　）。
   A．总线网   B．星形网
   C．环形网   D．树形网

9. （多选题）按照传输带宽，计算机网络可以分为（　　）。
   A．宽带网   B．光纤网
   C．Wi-Fi网   D．基带网

10. （多选题）按照网络结构，计算机网络可以分为（　　）。
    A．对等网   B．令牌环网
    C．以太网   D．校园网

11. （多选题）按照传输介质分类，计算机网络可以分为（　　）。
    A．有线网   B．Wi-Fi网
    C．5G网   D．无线网

12. （多选题）按照传输技术分类，计算机网络可以分为（　　）。
    A．光纤网   B．点对点式网络
    C．5G网   D．广播式网络

13. 局域网的英文缩写是（　　）。
    A．LAN   B．MAN
    C．WAN   D．PDN

14. 校园网属于典型的（　　）。
    A．局域网   B．城域网
    C．广域网   D．星形网

15. 城域网的英文缩写是（　　）。
    A．LAN   B．MAN
    C．WAN   D．PDN

16. 广域网的英文缩写是（　　）。
    A．LAN   B．MAN
    C．WAN   D．PDN

17. Internet 是一种典型的（　　）。
    A．局域网   B．城域网
    C．广域网   D．星形网

18. 常见的网络拓扑结构有总线型、（　　）、（　　）、环形等。
    A．星形   B．上下型
    C．树形   D．主干型

19. 在（　　）拓扑结构中，节点通过点到点通信线路与中心节点连接，中心节点控制全网的通信，任何两节点之间的通信都要通过中心节点。
    A．星形   B．总线型
    C．树形   D．环形

1.3　数据通信基础

1. 传感器采集到的连续变化的值称为（　　）。
    A．输入数据   B．模拟传输
    C．离散数据   D．数字数据

2. 通过适当的传输线路将数据信息从一台设备传送到另一台设备的全过程称为（　　）。
    A．数据处理   B．数据传输
    C．数据通信   D．调制解调

3. 数据通信包含（　　）和（　　）两方面的内容。
    A．数据处理   B．数据传输
    C．调制   D．解调

4. 数据处理主要由（　　），依靠（　　）来完成。
    A．计算机系统   B．操作系统
    C．数据通信系统   D．调制解调系统

5．计算机所能处理的信号都是（　　）。

　　A．模拟信号　　　　　　　　　B．数字信号

　　C．文本信号　　　　　　　　　D．图形信号

6．波形圆滑且连续变化的信号称为（　　）。

　　A．模拟信号　　　　　　　　　B．数字信号

　　C．有线信号　　　　　　　　　D．无线信号

7．（多选题）数据传输系统由以下哪几部分组成（　　）。

　　A．传输线路　　　　　　　　　B．调制解调器

　　C．多路复用器　　　　　　　　D．交换器

8．一个信道能够传输数据的最大能力称为（　　）。

　　A．传输速率　　　　　　　　　B．带宽

　　C．信道容量　　　　　　　　　D．信道宽度

9．传输技术中传输效率高的是（　　）。

　　A．同步传输　　　　　　　　　B．异步传输

　　C．信道传输　　　　　　　　　D．路由传输

10．为了使要传送的大段数据准确地到达目的地，把它划分成若干个等长或不等长的小段数据，然后对每一小段数据加上一些附加信息，如序号、目的地、发送地、错误检测信息等，如此包装后的数据段称为数据包（简称包），也称为（　　）。

　　A．信号　　　　　　　　　　　B．帧

　　C．分组　　　　　　　　　　　D．调制

11．允许两个方向上同时传输数据的传输方式，称为（　　）。

　　A．单工通信　　　　　　　　　B．半双工通信

　　C．全双工通信　　　　　　　　D．频带传输

12．普通电话采用的传输方式是（　　）。

　　A．单工通信　　　　　　　　　B．半双工通信

　　C．全双工通信　　　　　　　　D．频带传输

13．因特网采用的传输方式是（　　）。

　　A．单工通信　　　　　　　　　B．半双工通信

　　C．全双工通信　　　　　　　　D．频带传输

14．下列选项中，不是计算机网络传输介质的是（　　）。

A．双绞线 B．细缆
C．红外线 D．光纤

15．电话系统主要使用双绞线，计算机网络局域网布线最常用的是（　　）。

A．双绞线 B．细缆
C．粗缆 D．光纤

16．我们常说的超五类线是指（　　）。

A．非屏蔽双绞线 B．屏蔽双绞线
C．粗缆 D．细缆

17．下列选项中，（　　）不是光纤传输的特点。

A．长距离输 B．大容量传输
C．不受电子干扰 D．安装简便

18．在光纤中，传输频带宽、容量大、传输距离长的是（　　）。

A．单模光纤 B．双模光纤
C．三模光纤 D．多模光纤

19．（多选题）无线传输介质有（　　）。

A．微波 B．红外线
C．无线电波 D．大气层

20．下列传输介质中，不属于无线电波的是（　　）。

A．蓝牙 B．红外线
C．Wi-Fi D．4G 或 5G

1.4　网络参考模型和网络协议

1．计算机网络之间不同类型的计算机进行通信，必须使用相同的（　　）。

A．操作系统 B．通信软件
C．网络协议 D．传输介质

2．在网络协议中，（　　）规定通信双方准备"讲什么"，即需要发出何种控制信息，以及完成的动作与响应。

A．语法 B．语义

C．时序 D．层次

3．网络层次结构模型与各层协议的集合定义为（　　）。
　　A．网络协议 B．OSI 参考模型
　　C．计算机网络体系结构 D．TCP/IP 协议

4．计算机网络协议一般设计成（　　）结构模型。
　　A．星形 B．环形
　　C．层次 D．接口

5．OSI 参考模型分为（　　）层结构。
　　A．3 B．5
　　C．7 D．9

6．物理层传输数据的单位是（　　）。
　　A．比特 B．字节
　　C．帧 D．分组或包

7．选择合适路由是由 OSI 参考模型中的（　　）实现的。
　　A．物理层 B．数据链路层
　　C．网络层 D．传输层

8．在传输层中，信息的传输单位是（　　）。
　　A．字节 B．帧
　　C．报文 D．分组或包

9．TCP 协议就是（　　）。
　　A．传输控制协议 B．网际协议
　　C．数据传输协议 D．文件传输协议

10．TCP/IP 网络体系结构分为（　　）层。
　　A．3 B．5
　　C．7 D．9

11．因特网上使用的网络协议是（　　）。
　　A．NetBEUI B．TCP/IP
　　C．IPX/SPX D．NWLink NetBIOS

1.5 局域网技术

1. 计算机网络中的星形、总线型、环形是指（   ）。
    A．网络中计算机的排列方式　　B．网络服务器的型号
    C．网络的拓扑结构　　　　　　D．网络规模的大小级别

2. 在局域网中，（   ）网络采用同轴电缆为传输介质。
    A．星形　　　　　　　　　　　B．总线型
    C．环形　　　　　　　　　　　D．混合型

3. 以太网是（   ）网络结构的典型代表。
    A．星形　　　　　　　　　　　B．总线型
    C．环形　　　　　　　　　　　D．混合型

4. 在星形网络中，（   ）损坏会造成整个网络瘫痪。
    A．双绞线　　　　　　　　　　B．中央节点集线器
    C．客户机网卡　　　　　　　　D．服务器硬盘

5. 星形/总线型混合结构网络中的所有计算机都通过（   ）直接和集线器或交换机相连。
    A．双绞线　　　　　　　　　　B．细缆
    C．粗缆　　　　　　　　　　　D．光纤

6. 局域网的网络结构主要有（   ）和（   ）两种。
    A．对等式结构　　　　　　　　B．浏览器/服务器结构
    C．点对点结构　　　　　　　　D．客户机/服务器结构

7. 在计算机网络中，网络服务器不能使用（   ）作为操作系统。
    A．Windows 10　　　　　　　　B．Netware
    C．Windows Server　　　　　　D．UNIX

8. 以下选项中，（   ）不是网络服务器的特点。
    A．预算速度快　　　　　　　　B．存储容量大
    C．可靠性高　　　　　　　　　D．使用 Windows 10

9. 局域网中的计算机主要通过（   ）接入网络。

A．网络适配器 B．集线器
C．交换机 D．路由器

10．网卡上的（　　）接口适用于双绞线。
A．AUI B．BNC
C．RJ-45 D．串行

11．（多选题）普通网卡的主要作用有（　　）。
A．接收网络上传来的信息 B．将计算机的信息送入网络
C．将无线信号转换成有线信号 D．将有线信号转换成无线信号

12．Hub 的中文名称是（　　）。
A．网络适配器 B．集线器
C．交换机 D．路由器

13．（　　）可以将两个局域网连接起来，扩展网络的距离或范围。
A．网络适配器 B．集线器
C．网桥 D．服务器

14．交换机与集线器的区别是（　　）。
A．集线器可以将计算机组成星形网络，交换机不能
B．交换机可以将计算机组成星形网络，集线器不能
C．集线器采用共享方式处理端口信息，交换机不是
D．交换机采用共享方式处理端口信息，集线器不是

15．在一个计算机网络中，如果连接不同类型，且协议差别比较大的网络时，应选用（　　）设备。
A．网络适配器 B．集线器
C．网桥 D．网关

16．下列关于网关的说法，正确的有（　　）。
A．网关又称协议转换器
B．网关可以将使用不同协议的计算机连接起来
C．网关是一个软件
D．网关既可以是硬件，也可以是软件

17．（　　）主要用于将局域网与广域网连接，它具有判断网络地址和选择路径的功能。

A．网络适配器 B．集线器

C．交换机 D．路由器

18．下列关于路由器的说法，正确的有（　　）。

A．路由器是专用于 Wi-Fi 的网络设备

B．路由器就是速度快的交换机

C．路由器可以应用于有线网络也可以应用于无线网络

D．路由器可以选择连入网络的路径

1.6　网络管理和安全

1．下列选项中，（　　）不属于网络管理的范畴。

A．故障管理 B．计费管理

C．人员管理 D．安全管理

2．下列选项中，（　　）不属于网络安全要解决的问题。

A．信息泄露 B．计算机故障

C．假冒用户 D．篡改信息

3．（　　）是一类防范措施的总称，它使得内部网络与 Internet 之间或者与其他外部网络互相隔离、限制网络互访用来保护内部网络。

A．网络管理 B．网络安全

C．防火墙 D．网关

4．只要有恶意侵入的可能，无论是内部网络还是与外部网络的连接处，都应该安装（　　）。

A．路由器 B．网桥

C．防火墙 D．网关

5．防火墙很难防范（　　）的攻击。

A．网络黑客 B．网络病毒

C．来自网络内部的攻击 D．来自外部网络的攻击

6．破坏计算机功能或者毁坏数据，影响计算机使用，并能自我复制的一组计算机指令或者程序代码称为（　　）。

A．防火墙 B．黑客
C．计算机病毒 D．Java

7．下列选项中，（　　）不是计算机病毒的特征。

A．传染性 B．潜伏性
C．破坏性 D．通用性

8．网络防病毒软件可以设置（　　）、（　　）和（　　）三种扫描方式。

A．实时扫描 B．预置扫描
C．自动扫描 D．人工扫描

1.7 绘制网络结构图

一、实验操作目的

通过实地调查学校某区域的网络设备以及网络连接情况，掌握计算机网络设备的名称和连接方式，并能够绘制出教学楼某区域的网络结构简图。

二、实验操作环境

硬件环境（设备型号）：_____

软件环境（软件名称）：无

三、实验操作准备

将学生分组，每组负责调查一个区域，可参考表1.1进行分组。

表1.1 学生分组表

组别	组长	组员	调查区域
第一组	赵＊＊	＊＊＊、＊＊＊、＊＊＊	微机室
第二组	钱＊＊	＊＊＊、＊＊＊、＊＊＊	教学楼一楼
第三组	孙＊＊	＊＊＊、＊＊＊、＊＊＊	教学楼二楼
第四组	李＊＊	＊＊＊、＊＊＊、＊＊＊	教学楼三楼
第五组	周＊＊	＊＊＊、＊＊＊、＊＊＊	教学楼四楼
第六组	吴＊＊	＊＊＊、＊＊＊、＊＊＊	行政楼一楼

续表

组别	组长	组员	调查区域
第七组	郑＊＊	＊＊＊、＊＊＊、＊＊＊	行政楼二楼
第八组	王＊＊	＊＊＊、＊＊＊、＊＊＊	行政楼三楼
第九组	朱＊＊	＊＊＊、＊＊＊、＊＊＊	学生餐厅 A
第十组	秦＊＊	＊＊＊、＊＊＊、＊＊＊	学生餐厅 B

四、实验操作内容

由组长带领本组组员对分工区域进行实地调研，微机室以计算机为单位，其他地方以房间为单位，绘制出房间具体位置，了解传输介质，标出交换机的位置。

教学楼二楼网络结构图，如图 1.1 所示。

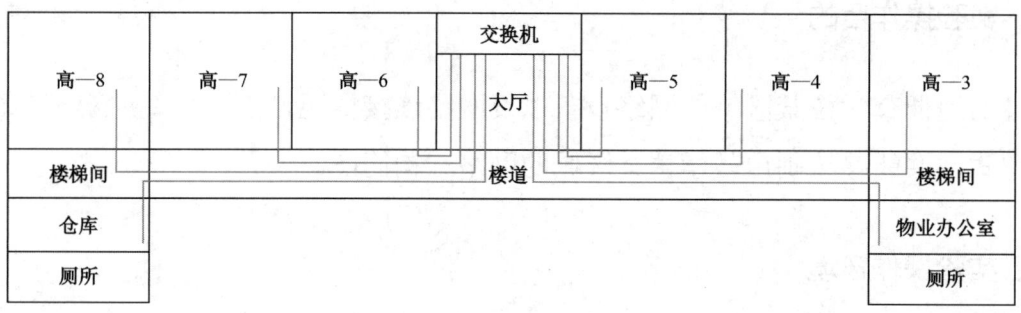

图 1.1　教学楼二楼网络结构图

其他操作内容

_____

_____

_____

_____

_____

_____

_____

五、实验操作总结

模块 2 Internet 基础

2.1 接入 Internet

1. Internet 是一个（   ）。
   - A．国际性组织
   - B．计算机软件
   - C．局域网
   - D．计算机互联网络

2. Intranet 被称为（   ）。
   - A．国际互联网
   - B．企业内部网
   - C．无线网
   - D．以太网

3. （   ）的产生和使用，诞生了真正的 Internet。
   - A．OSI 参考模型
   - B．TCP/IP 协议
   - C．Intranet
   - D．PPP 协议

4. 我国负责域名注册管理和域名根服务器运行的机构是（   ）。
   - A．中国互联网络信息中心
   - B．中国电信
   - C．科技部
   - D．网信办

5. Internet 由几十万个子网通过自愿的原则互联起来，它（   ）所有。
   - A．归各国政府
   - B．归 Internet 网络学会
   - C．归联合国
   - D．不属于任何机构和个人

6. Internet 采用了目前在分布式网络中应用广泛的（   ）方式，增强了网络服务的灵活性。
   - A．主机/分机
   - B．客户机/服务器
   - C．仿真终端
   - D．远程登录

7. 下列选项中，（   ）不是我国的骨干网络。

A．中国教育与科研计算机网　　　　B．中国科学技术网

   C．中国公用计算机互联网　　　　　D．淘宝网

8．下列选项中，（　　）不属于 Internet 服务。

   A．万维网　　　　　　　　　　　　B．文件传输服务

   C．电子公告栏　　　　　　　　　　D．企业内部网

9．（　　）具有多媒体集成能力，能提供一个具有声音、图形、动画及视频魅力的界面与服务。

   A．WWW　　　　　　　　　　　　B．E-mail

   C．FTP　　　　　　　　　　　　　D．BBS

10．（　　）可以在 Internet 上不同类型的计算机之间传输文件，是 Internet 上使用最早、应用最广的服务之一。

   A．WWW　　　　　　　　　　　　B．E-mail

   C．FTP　　　　　　　　　　　　　D．BBS

11．下列关于 FTP 服务的说法正确的是（　　）。

   A．FTP 服务是 WWW 服务中的一种

   B．FTP 服务只能在使用相同操作系统的计算机之间使用

   C．访问 FTP 服务器，一般需要用户名和密码才能访问

   D．FTP 服务和 WWW 服务一样是免费的

12．（多选题）下列关于电子邮件服务的说法正确的是（　　）。

   A．电子邮件服务就是 E-mail

   B．电子邮件服务需要注册一个电子邮箱的账号后才能使用

   C．电子邮件服务都是免费的

   D．电子邮件服务都是收费的

13．下列选项中，（　　）是电子邮件无法传送的。

   A．文本信息　　　　　　　　　　　B．声音文件

   C．图像文件　　　　　　　　　　　D．纸张文件

14．（　　）是一种终端仿真程序，是 Internet 常用的工具软件之一。

   A．WWW　　　　　　　　　　　　B．E-mail

   C．FTP　　　　　　　　　　　　　D．Telnet

15．（　　）是 Internet 上的一个重要资源，通常每个专题都有常见问题和解答，如果

用户有问题，通常可以找到答案。

  A．E-mail   B．新闻组

  C．电子公告栏   D．FTP

16．组成搜索引擎的有数据库、（　　）以及用户检索界面。

  A．信息提取系统、信息存储系统、信息管理系统

  B．信息提取系统、信息管理系统、信息检索系统

  C．信息存储系统、信息管理系统、信息检索系统

  D．信息提取系统、信息存储系统、信息检索系统

17．计算机系统的工作模式经历了 IBM 的主机终端模式、"客户机/服务器"模式，发展到以（　　）为中心的发展方向。

  A．计算机技术   B．通信技术

  C．网络   D．移动通信

18．（　　）是指当代信息技术和 Internet 技术在商务领域的应用，是一个以电子数据处理、环球网络、数据交换和资金汇兑技术为基础，集订货、发货、运输、报关、保险、商检和银行结算于一体的综合商贸信息处理系统。

  A．电子报关   B．电子商务

  C．远程贸易   D．商务自动化

19．与 Internet 相连的任何一台计算机，不管其型号的大小，都被称为（　　）。

  A．服务器   B．工作站

  C．主机   D．客户机

20．在 Internet 上存储并提供信息的主机称为（　　）或宿主机，它们都有自己唯一的地址，并用（　　）协议互相连接和传输数据。

  A．网络服务器、FTP   B．网络服务器、TCP/IP

  C．WWW 服务器、FTP   D．WWW 服务器、TCP/IP

21．发送电子邮件的服务器是（　　）服务器，接收电子邮件的服务器是（　　）服务器。

  A．P2P、FTP   B．FTP、P2P

  C．SMTP、POP   D．POP、SMTP

22．Internet 中的每一台主机都分配有一个唯一的地址，该地址称为（　　）。

  A．网址   B．服务器地址

C．主机地址　　　　　　　　　　D．IP 地址

23．主机的 IP 地址由 4 段数据组成，在 A 类地址中，主机号由第（　　）段数据组成。

A．1　　　　　　　　　　　　　B．2

C．3　　　　　　　　　　　　　D．4

24．下列容纳主机数量最多的网络是（　　）。

A．A 类 IP 地址的网络　　　　　B．B 类 IP 地址的网络

C．C 类 IP 地址的网络　　　　　D．IP 地址以 127 打头的网络

25．下列选项中，（　　）是正确的 IP 地址。

A．198.102.134.35.1　　　　　　B．202.102.134.0

C．198.108.134.256　　　　　　D．168.134.68

26．某计算机 IP 地址的第一个数字是 135，那么它属于（　　）类网络。

A．A　　　　　　　　　　　　　B．B

C．C　　　　　　　　　　　　　D．D 或者 E

27．（多选题）下列关于子网掩码的说法正确的是（　　）。

A．IP 地址的网络号，子网掩码用二进制的 1 填满

B．IP 地址的网络号，子网掩码用二进制的 0 填满

C．IP 地址的主机号，子网掩码用二进制的 1 填满

D．IP 地址的主机号，子网掩码用二进制的 0 填满

28．下列关于域名的说法正确的是（　　）。

A．域名其实就是网址

B．域名的顶级域在最左边

C．每个域名都对应一个唯一的 IP 地址

D．没有域名的主机是不能被访问的

29．域名是按从左到右的顺序来描述的，最左侧的一段数据是（　　）。

A．城市名　　　　　　　　　　　B．国家名

C．顶层域名　　　　　　　　　　D．主机名

30．以非地理域来定义主机域名时，edu 代表（　　），gov 代表（　　）。

A．教育机构、商业机构　　　　　B．商业机构、政府部门

C．教育机构、政府部门　　　　　D．商业机构、教育机构

31. 在 Internet 中，专门负责把域名转换成 IP 地址的主机称为（   ）服务器。

　　A．POP　　　　　　　　　　　　B．DNS

　　C．FTP　　　　　　　　　　　　D．WWW

32. 一台主机的域名是 www.public.com.cn，表示这台主机是在（   ）。

　　A．美国　　　　　　　　　　　　B．日本

　　C．中国　　　　　　　　　　　　D．加拿大

33. 用户通过电话线、调制解调器（Modem）与 Internet 服务提供商（ISP）的服务器连接上网的方式称为（   ）。

　　A．仿真终端　　　　　　　　　　B．拨号上网

　　C．DDN　　　　　　　　　　　　D．FTTB

34. 下列上网方式中，（   ）方式不通过电话线连接 Internet。

　　A．拨号上网　　　　　　　　　　B．ISDN

　　C．ADSL　　　　　　　　　　　　D．FTTB

35. 下列上网方式中，（   ）使用光纤接入网络。

　　A．拨号上网　　　　　　　　　　B．ISDN

　　C．ADSL　　　　　　　　　　　　D．FTTB

36. 非对称数字用户线路中，"非对称"的含义是（   ）。

　　A．用户端和服务器的调制解调器不同

　　B．上、下行数据传输率不同

　　C．上网和拨打电话使用的频率不同

　　D．计算机中处理的信号模式与电话线传输的信号模式不同

37. 下列关于 ADSL 的说法，错误的有（   ）。

　　A．可以使用虚拟拨号接入网络

　　B．可以使用专线接入网络

　　C．ADSL 传递宽带信号

　　D．使用 ADSL 上网使用电话线，所以固定电话无法使用

38. （   ）上网方式的主干传输为光纤传输，采用数字信道直接传送数据，所以传输质量非常高。

　　A．ADSL　　　　　　　　　　　　B．ISDN

　　C．DDN　　　　　　　　　　　　D．FTTB

39．（　　）是一种基于优化高速光纤局域网技术的宽带接入方式，采用光纤到楼、网线到户的方式实现用户的宽带接入。

　　　A．ADSL　　　　B．DDN　　　　C．线缆上网　　　D．小区宽带

40．（　　）是一种将计算机连接到有线电视网，从而使用户能够进行数据通信，访问 Internet 等信息资源的设备。

　　　A．网络适配器　　B．路由器　　　C．线缆 Modem　　D．交换机

41．在没有线路或 Wi-Fi 服务的情况下，台式计算机可以采用（　　）的方法接入因特网。用户只需将插有电话 SIM 卡的 USB 接口无线设备接入计算机，然后通过拨号程序上网，就可以实现普通计算机连接因特网。

　　　A．无线上网　　　B．卫星上网　　C．微波上网　　　D．ISDN 上网

上机实验操作 2.1.1　设置 IP 地址

根据上机实验操作内容，完成实验操作报告。

一、实验操作目的

通过双绞线将计算机在物理上接入网络，设置 IP 地址，实现网络中的数据传输。

二、实验操作环境

硬件环境（设备型号）：_____

软件环境（软件名称）：_____

三、实验操作准备

1．计算机 IP 地址设置为"自动获得 IP 地址"。

2．把老师为每一名参加上机实验操作者提供的一组关于 IP 地址的数据记录下来。

IP 地址：_____

子网掩码：_____

默认网关：_____

DNS 服务器：_____

四、实验操作内容

1. 打开设置面板，单击"网络和 Internet"按钮，如图 2.1 所示。

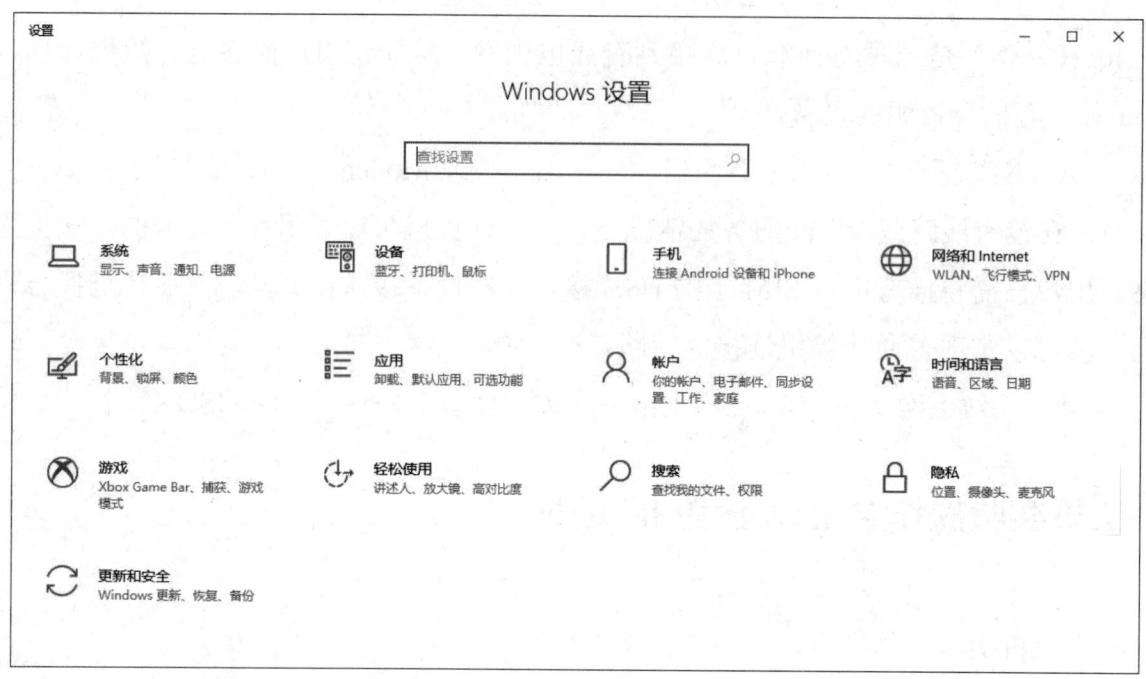

图 2.1　设置面板

2. 单击"网络和 Internet"按钮，在打开的窗口左侧选择"以太网"选项，在窗口右侧选择"更改适配器选项"选项，如图 2.2 所示。

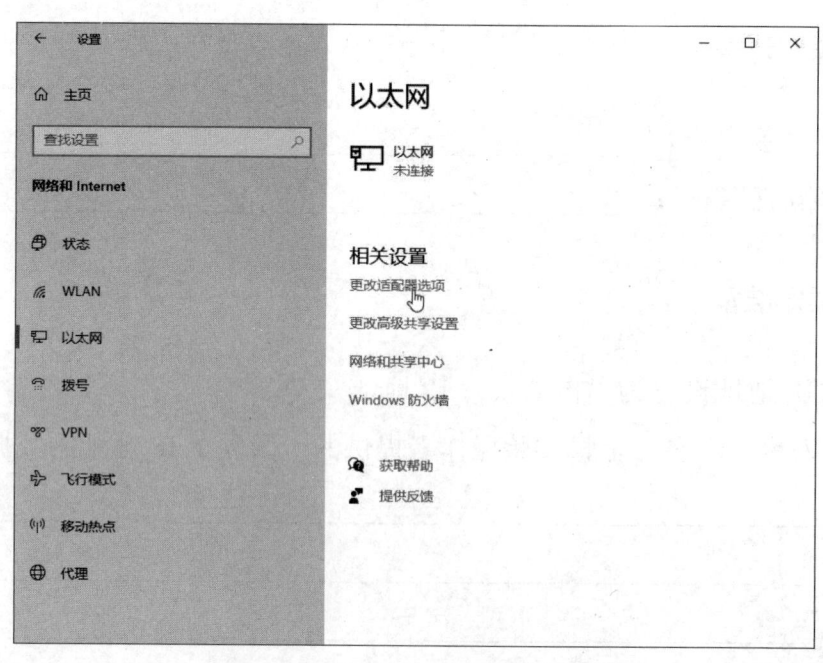

图 2.2　"更改适配器选项"选项

3．右击"以太网"按钮，在弹出的快捷菜单中选择"属性"选项，如图 2.3 所示。

图 2.3　"属性"选项

4．在"以太网 属性"对话框中，勾选"Internet 版本协议 4（TCP/IPv4）"复选框，单击"属性"按钮，如图 2.4 所示。

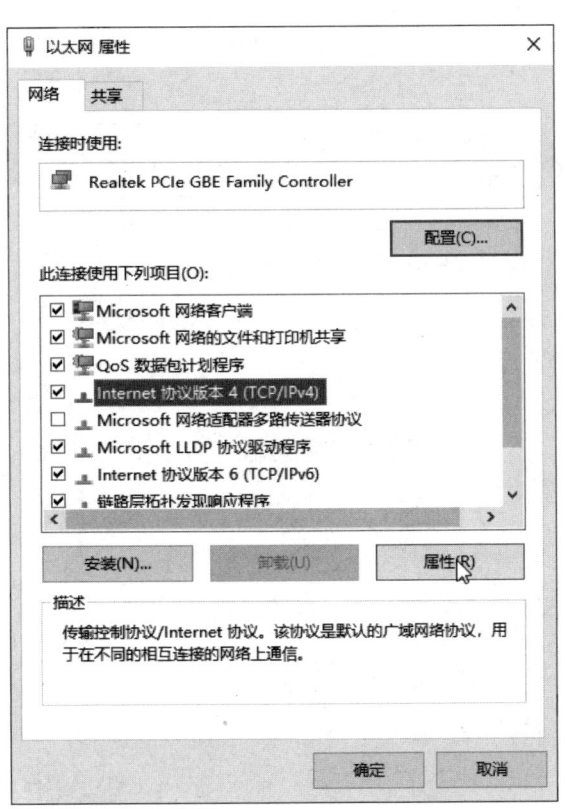

图 2.4　"以太网 属性"对话框

5．选中"使用下面的 IP 地址"单选按钮，输入相应的数值；选中"使用下面的 DNS 服务器地址"单选按钮，输入相应的数值，如图 2.5 所示，单击"确定"按钮。

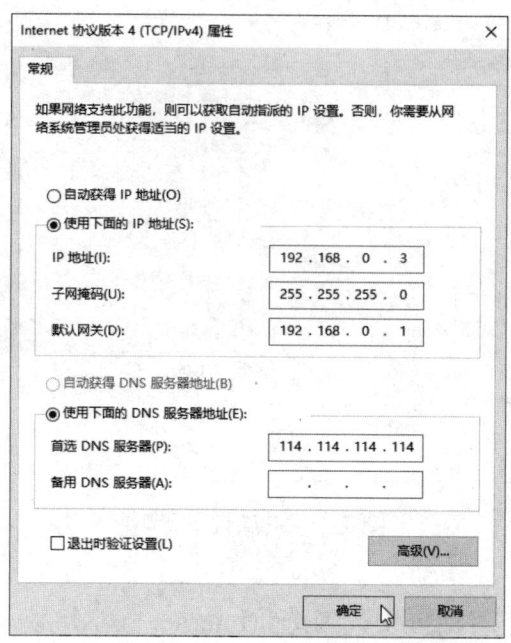

图 2.5　输入 IP 地址和 DNS 服务器地址

6．单击"关闭"按钮，完成设置，如图 2.6 所示。

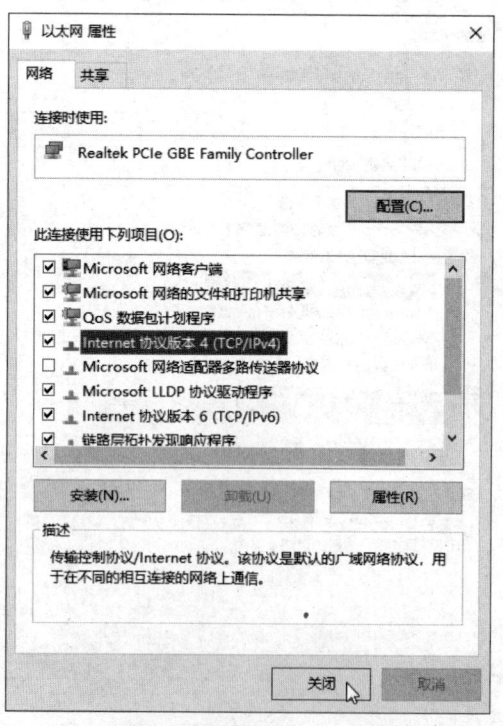

图 2.6　"关闭"按钮

其他操作内容

五、实验操作总结

2.2　使用浏览器

1．浏览器的主要功能是（　　　）。

　　A．收发电子邮件　　　　　　　　B．制作网页

　　C．浏览 WWW　　　　　　　　　D．实现文件传输

2．下列选项中，（　　　）不是浏览器。

　　A．Microsoft Edge　　　　　　　B．Netscape

C．Outlook Express　　　　　　　D．Internet Explorer

3．WWW 是（　　）的缩写。

　　A．Word Wide Web　　　　　　B．World Wide Web

　　C．Work Wide Web　　　　　　D．Worst Wide Web

4．WWW 站点实际上是一个（　　）。

　　A．服务器　　　　　　　　　　B．磁盘文件

　　C．公司　　　　　　　　　　　D．一本资料

5．中断与 Internet 的连接称为离线，也称为下网或脱机。脱机后，用户不能（　　）。

　　A．浏览已打开的网页　　　　　B．阅读电子邮件

　　C．搜索网络信息　　　　　　　D．编辑网页中的文件

6．通常将提供信息服务的 WWW 服务器称为（　　）。

　　A．万维网　　　　　　　　　　B．网站

　　C．主页　　　　　　　　　　　D．浏览器

7．HyperText 的中文含义是（　　）。

　　A．主页　　　　　　　　　　　B．网页

　　C．超级文本　　　　　　　　　D．超级链接

8．在一个网页中，可以有一些词、短语或小图片作为"连接点"，这些作为"连接点"的词或短语通常被特殊显示为其他颜色并加下画线，称为（　　）。

　　A．超文本　　　　　　　　　　B．超链接

　　C．超媒体　　　　　　　　　　D．超文本标识语言

9．HTML 的含义是（　　）。

　　A．超文本　　　　　　　　　　B．超链接

　　C．超媒体　　　　　　　　　　D．超文本标识语言

10．HTML 文档本身是（　　）格式的。

　　A．文本　　　　　　　　　　　B．超媒体

　　C．多媒体　　　　　　　　　　D．Word

11．浏览器与 WWW 服务器之间进行通信的协议是（　　）。

　　A．TCP/IP　　　　　　　　　　B．SLIP/PPP

　　C．HTTP　　　　　　　　　　　D．FTP

12．WWW 是按每个资源文件的（　　）来检索和定位的。

A．路径 B．文件夹
C．统一资源定位器 D．搜索引擎

13．URL 由（ ）、（ ）、路径和文件名四部分组成。

A．协议 B．地址
C．域名 D．服务器

14．URL 的四部分中，（ ）是肯定包含的。

A．第一部分 B．第一、二部分
C．第三、四部分 D．全部

15．浏览器的"刷新"按钮的功能是（ ）。

A．将浏览器窗口变为空白页 B．让浏览器窗口返回默认主页
C．重新下载网页 D．重新下载默认主页

16．（ ）以一定的方式、周期性地在 Internet 上收集新的信息，并对其进行提取、组织、处理和储存，这样就建立了一个不断更新的"数据库"。

A．WWW B．Web
C．搜索引擎 D．浏览器

17．下列网站中，（ ）不是搜索引擎。

A．Google B．百度
C．必应 D．淘宝网

18．（ ）搜索引擎可以使用逻辑关系组合关键词，限制查找对象的地区、网络范围、数据类型、时间等，可对满足选定条件的资源准确定位。

A．目录型 B．专业型
C．关键词型 D．综合型

19．（ ）搜索引擎是专门搜集特定的某一方面信息的。例如，专门搜集电话、人名、地址、图像、股市信息等。

A．目录型 B．特殊型
C．混合型 D．关键词型

20．（ ）搜索引擎对搜集的信息资源不限制主体范围和数据类型，因此，利用它可以查找到几乎任何方面的信息。

A．目录型 B．特殊型
C．混合型 D．综合型

上机实验操作 2.2.1　在线浏览 WWW 网站

根据上机实验操作内容，完成实验操作报告。

一、实验操作目的

通过浏览 WWW 网站，逐页查看网页信息，掌握使用浏览器查看网页的基本方法，熟悉浏览器的窗口要素以及菜单命令等。

二、实验操作环境

硬件环境（设备型号）：_____

软件环境（软件名称）：_____

三、实验操作准备

1. 保证计算机能够连入因特网。
2. 保证浏览器 Edge 能够正常使用。

四、实验操作内容

1. 输入电子工业出版社官网的网址（https://www.phei.com.cn/），打开网页。电子工业出版社官网如图 2.7 所示。

图 2.7　电子工业出版社官网

2．输入网址时，省略 http 协议部分（http://），直接输入域名并观察效果。

3．浏览网站中的网页。单击文字链接可以打开新的网页，浏览并寻找自己感兴趣的图书，如图 2.8 所示。

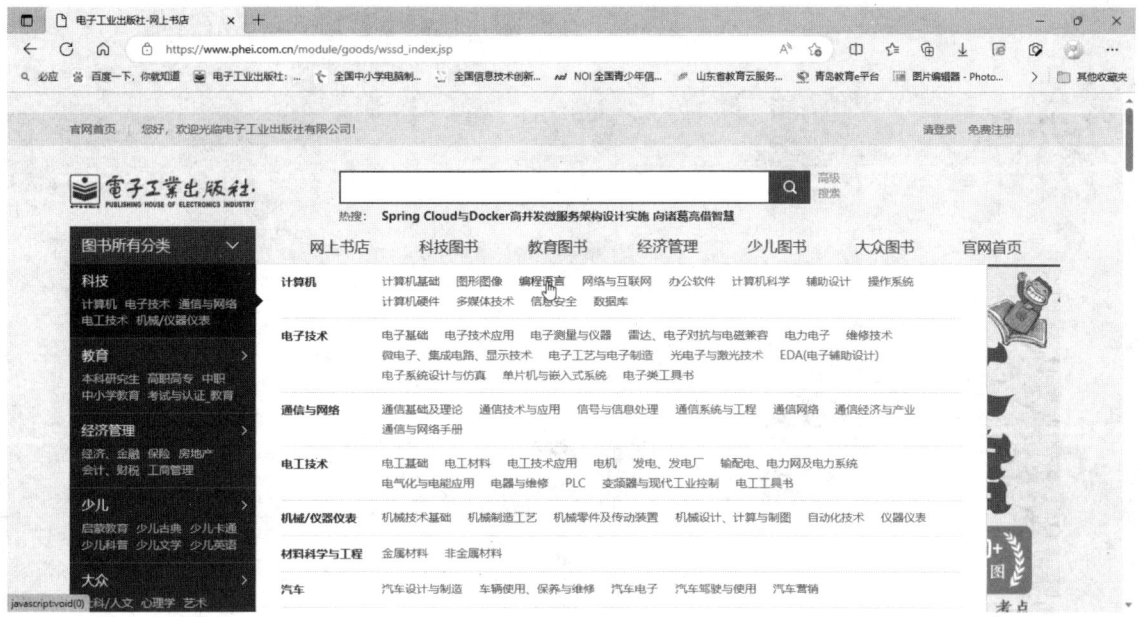

图 2.8　文字链接

4．在浏览器中新建一个标签页，在新的标签页中输入华信教育资源网的网址（https://www.hxedu.com.cn），打开华信教育资源网主页，如图 2.9 所示。

图 2.9　华信教育资源网主页

5. 单击浏览器工具栏的"返回"按钮，浏览曾经打开过的网页，如图 2.10 所示。

图 2.10 "返回"按钮

6. 右击网页中的图书封面，在弹出的快捷菜单中选择"在新标签页中打开链接"选项，新标签页被自动打开，如图 2.11 所示。重复以上操作，可打开多个标签页。

图 2.11 "在新标签页中打开链接"选项

7. 单击"Tab 操作菜单"按钮，在弹出的菜单中选择"打开垂直标签页"选项，如图 2.12 所示。查看垂直标签页的效果，如图 2.13 所示。

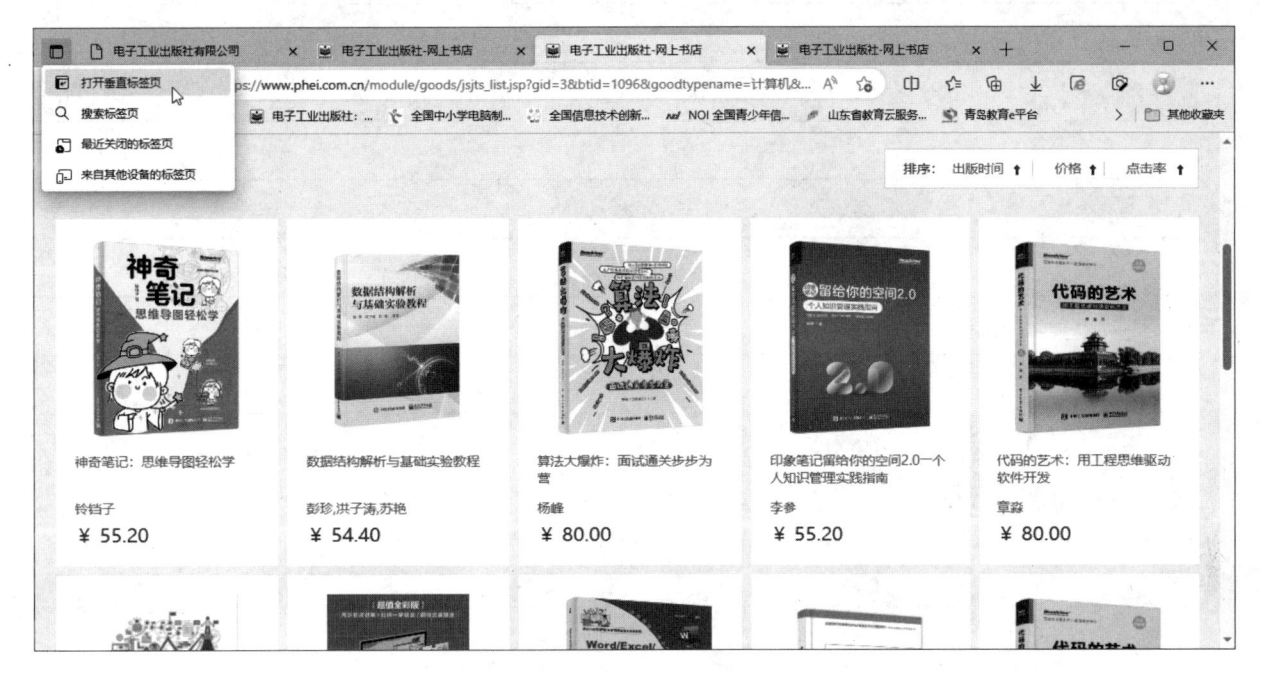

图 2.12 "打开垂直标签页"选项

图 2.13 垂直标签页的效果

其他操作内容

_____
_____
_____
_____
_____
_____
_____

五、实验操作总结

_____
_____
_____
_____
_____
_____
_____
_____
_____

上机实验操作 2.2.2　添加到个人收藏夹

根据上机实验操作内容，完成实验操作报告。

一、实验操作目的

通过添加到收藏夹，将常用网址保存下来，同时进行分类，确保收藏的网址规范有序。

二、实验操作环境

硬件环境（设备型号）：_____

软件环境（软件名称）：_____

三、实验操作准备（参照前几个实验填写）

_____

_____

四、实验操作内容

1．打开电子工业出版社官网，将其添加到收藏夹中，如图 2.14 所示。

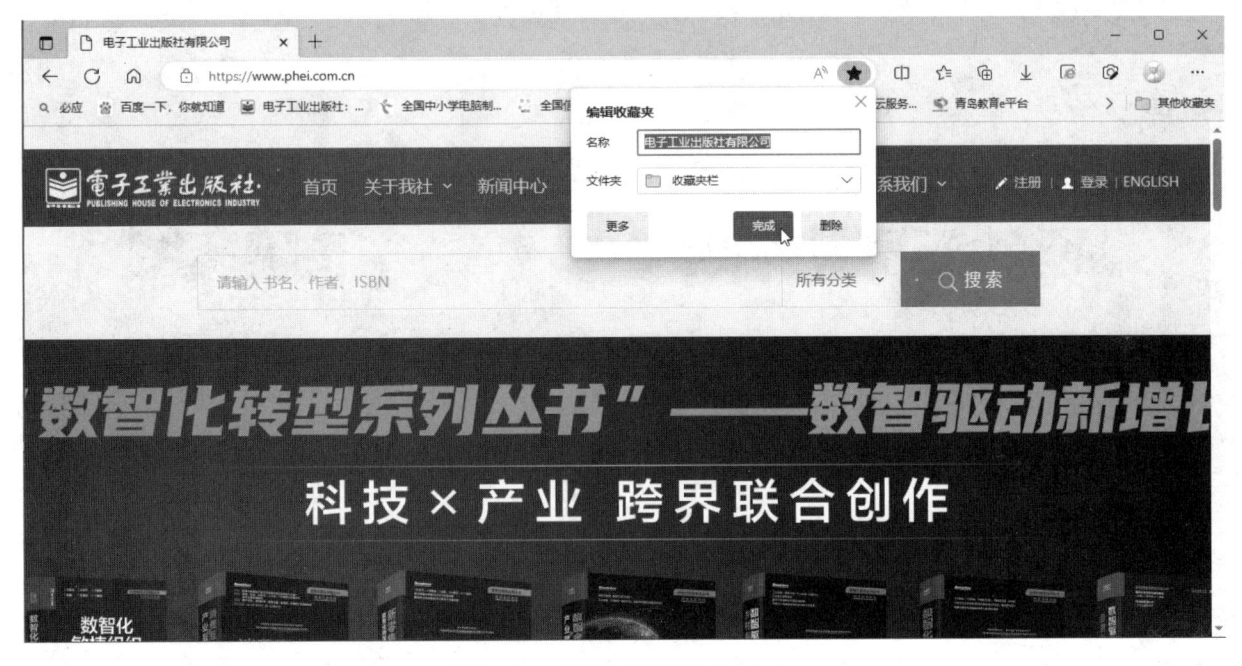

图 2.14 添加到收藏夹（1）

2．在网上书店选择一本书，打开关于该书的网页，将其添加到收藏夹中，如图 2.15 所示。重复以上操作，使得收藏夹中至少有 3 本书的介绍。

3．打开华信教育资源网，将其添加到收藏夹中。

4．在华信教育资源网的"资源"页面，选择一本书，打开关于该书的网页，将其添加到收藏夹中。重复以上操作，使得收藏夹中至少有 3 本书的网页，如图 2.16 所示。

图 2.15　添加到收藏夹（2）

图 2.16　添加到收藏夹（3）

5．在收藏夹栏中创建"推荐图书"文件夹，将收藏的 3 本书的网页移动到该文件夹中，如图 2.17 所示。

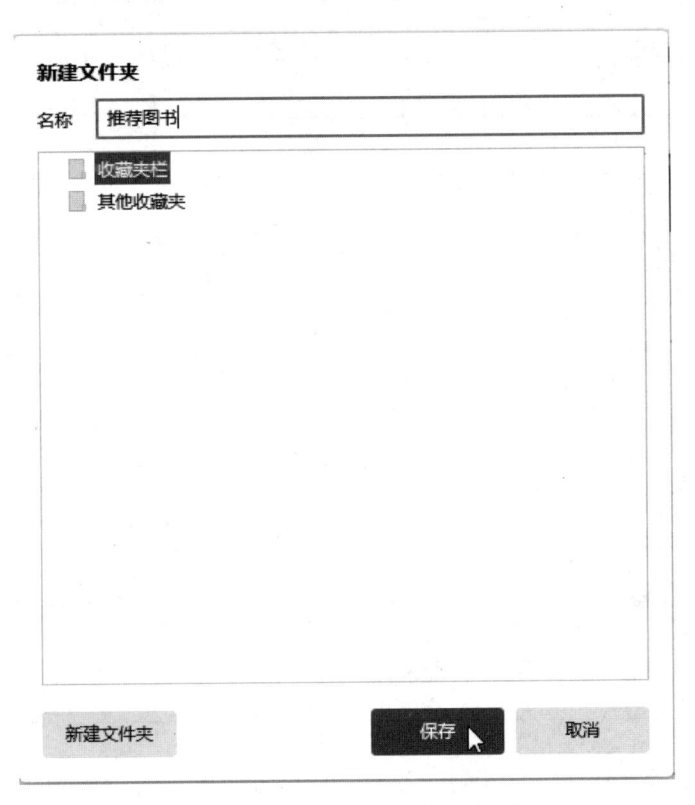

图 2.17　在收藏夹栏中创建"推荐图书"文件夹

6．在收藏夹中创建"图书资源"文件夹，将收藏的 3 本书的网页移动到该文件夹中，如图 2.18 所示。

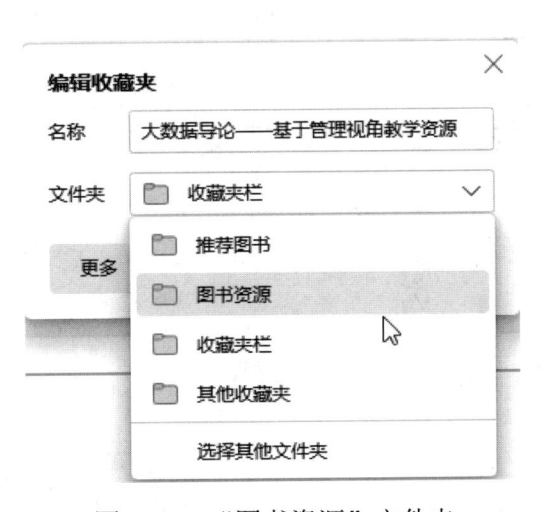

图 2.18　"图书资源"文件夹

其他操作内容

五、实验操作总结

上机实验操作 2.2.3　使用历史记录

根据上机实验操作内容,完成实验操作报告。

一、实验操作目的(参照前几个实验填写)

二、实验操作环境

硬件环境（设备型号）：_____

软件环境（软件名称）：_____

三、实验操作准备

_____

_____

四、实验操作内容

1. 利用历史记录打开网页。右击"返回"按钮，在弹出的快捷菜单中选择"管理历史记录"选项，如图 2.19 所示。打开"历史记录"页面，如图 2.20 所示。

图 2.19 "管理历史记录"选项

2. 搜索历史记录。在搜索文本框中输入要查找的网址信息。例如，输入"电子工业"，与之相匹配的搜索结果就会显示出来，如图 2.21 所示。选择其中的选项，就会打开相应的网页。

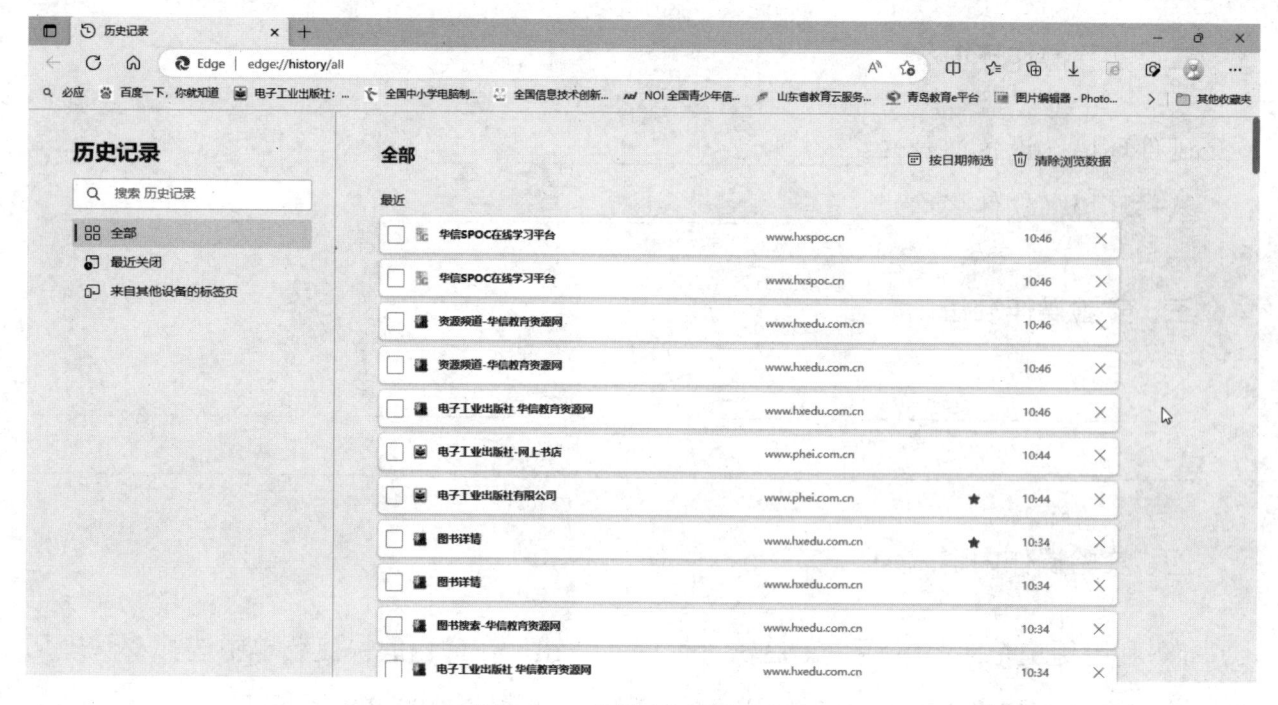

图 2.20 "历史记录"页面

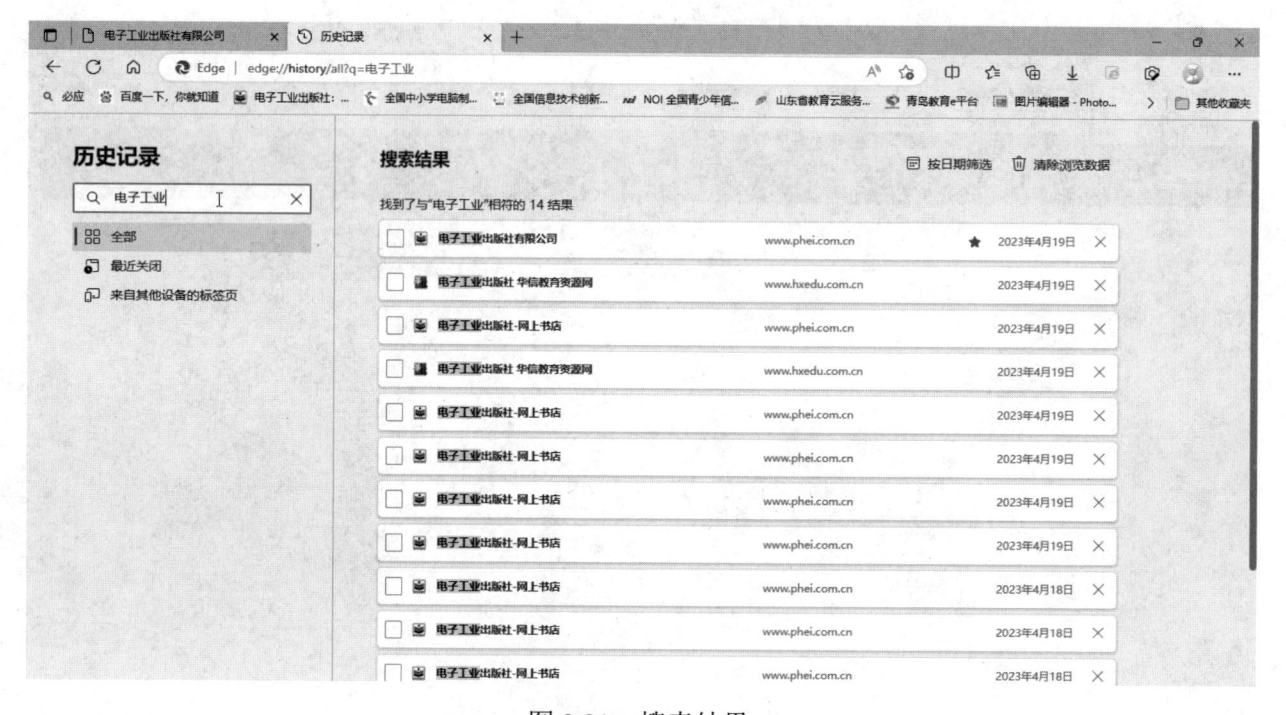

图 2.21 搜索结果

3. 删除历史记录。右击要删除的历史记录，在弹出的快捷菜单中选择"删除"选项，即可删除该历史记录，如图 2.22 所示。

图 2.22 "删除"选项

4．单击"设置及其他"按钮，在弹出的菜单中选择"历史记录"选项，打开"历史记录"对话框，在该对话框中可以对历史记录进行编辑。单击"更多选项"按钮，在弹出的菜单中选择"清除浏览数据"选项，可以删除所有的历史记录，如图 2.23～图 2.25 所示。

图 2.23 "历史记录"选项

图 2.24 "历史记录"对话框　　　　图 2.25 "清除浏览数据"选项

5. 在"设置"页面中删除历史记录。单击"设置及其他"按钮，在弹出的菜单中选择"设置"选项，在"设置"页面的左侧选择"隐私、搜索和服务"选项，在右侧选择"清除浏览数据"选项。单击"选择要清除的内容"按钮，打开"清除浏览数据"对话框，勾选"浏览历史记录""下载历史记录""缓存的图像和文件"复选框，单击"立即清除"按钮，如图 2.26～图 2.28 所示。

图 2.26 "设置"选项

图 2.27 "选择要清除的内容"按钮

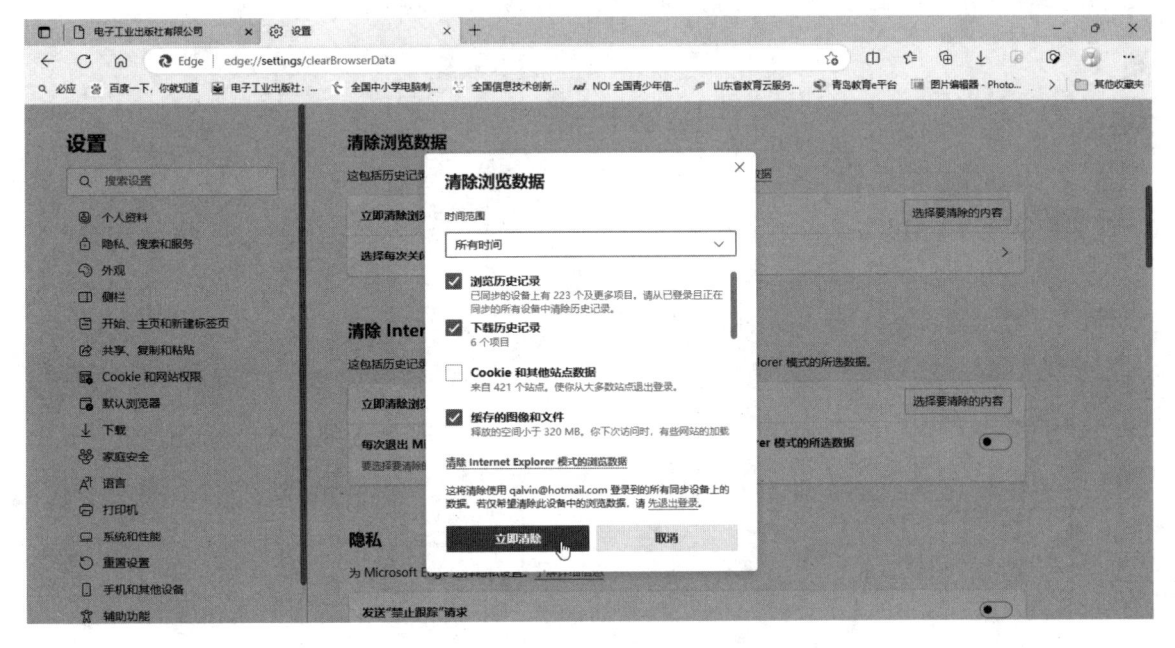

图 2.28 "立即清除"按钮

其他操作内容

五、实验操作总结

_____
_____
_____
_____
_____
_____
_____

上机实验操作 2.2.4　保存网页上的信息资源

根据上机实验操作内容，完成实验操作报告。

一、实验操作目的

通过实验操作练习，掌握保存网页中文字和图片的方法。

二、实验操作环境

硬件环境（设备型号）：_____

软件环境（软件名称）：_____

三、实验操作准备

_____
_____

四、实验操作内容

1. 在浏览器中打开网页，单击"设置及其他"按钮，在弹出的菜单中选择"更多工具"→"将页面另存为"选项,输入文件名并选择保存位置,单击"保存"按钮,完成保存,保存的文件名与保存位置自定,如图 2.29 所示。

图 2.29 "将页面另存为"选项

2. 右击网页中的图书封面,在弹出的快捷菜单中选择"将图像另存为"选项,将该图片保存到计算机上,如图 2.30 所示。

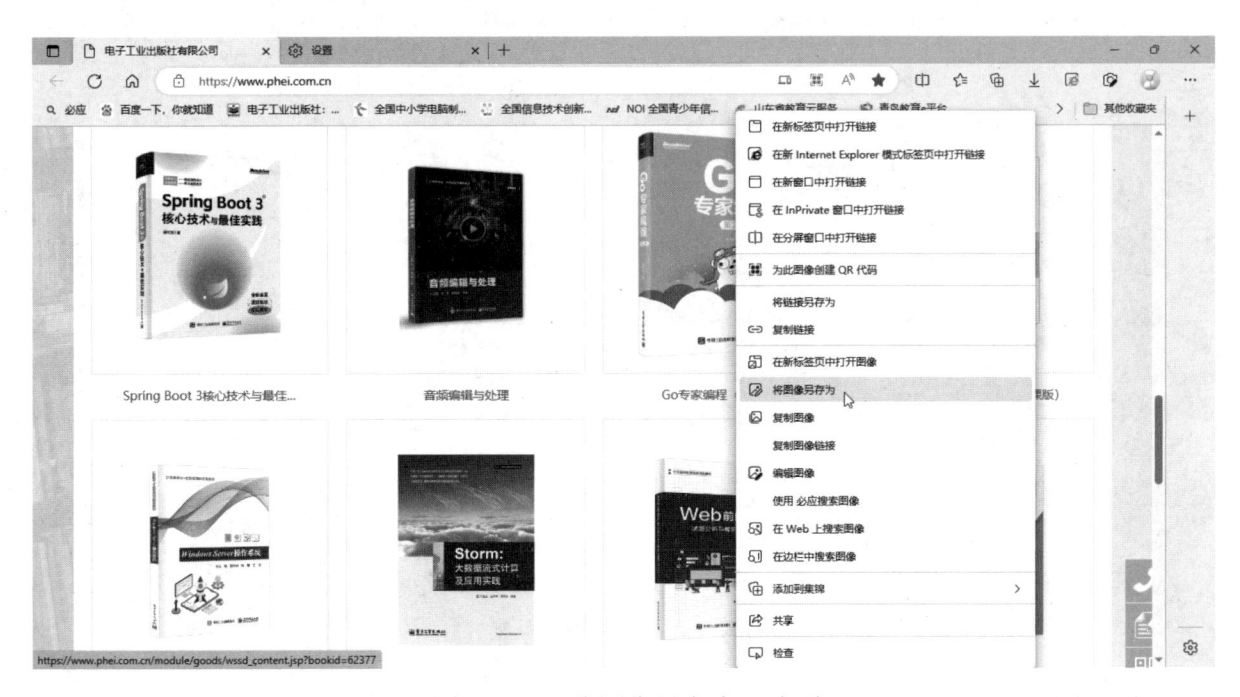

图 2.30 "将图像另存为"选项

3. 打开一个文字比较多的网页，选中网页中的文字，右击选中的文字，在弹出快捷菜单中选择"在沉浸式阅读器中打开所选内容"选项，如图 2.31 所示。将这些选中的文字在沉浸式阅读器中打开，沉浸式阅读器如图 2.32 所示。

图 2.31　"在沉浸式阅读器中打开所选内容"选项

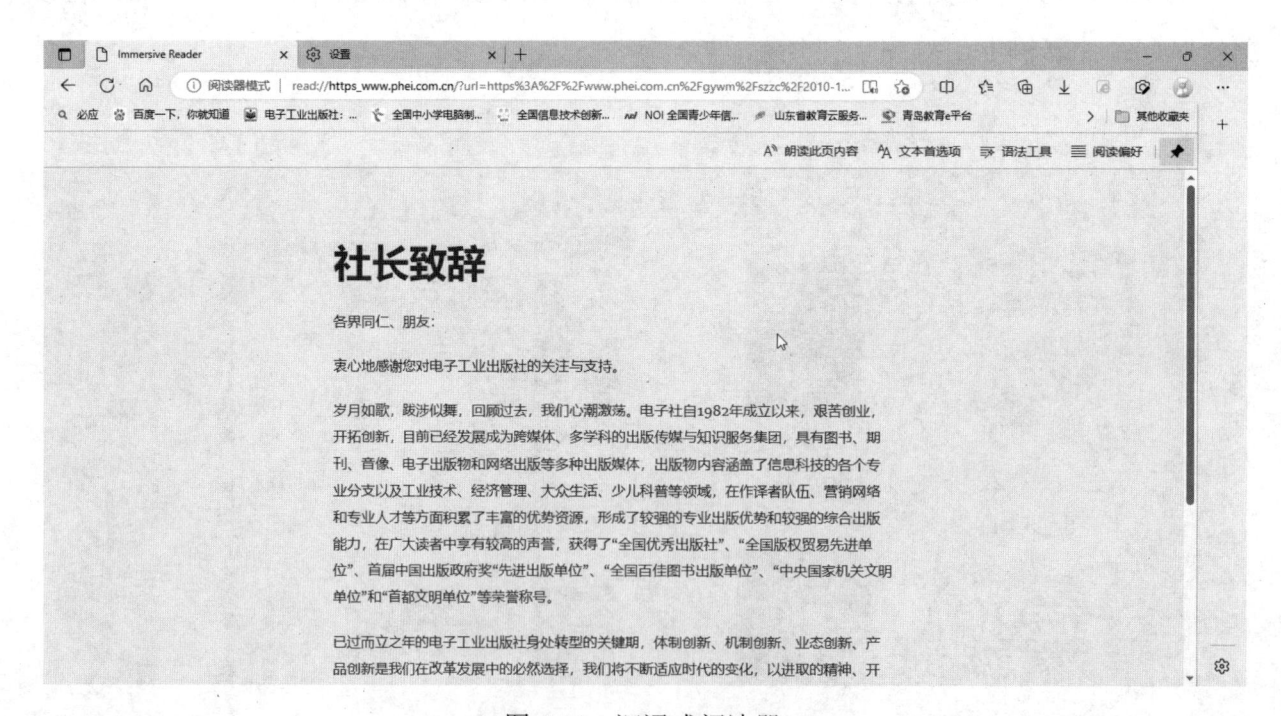

图 2.32　沉浸式阅读器

4. 在沉浸式阅读器的"文本首选项"菜单中，可以调整文本大小、文字间距、字体、文本列样式、页面主题等，如图 2.33 所示。

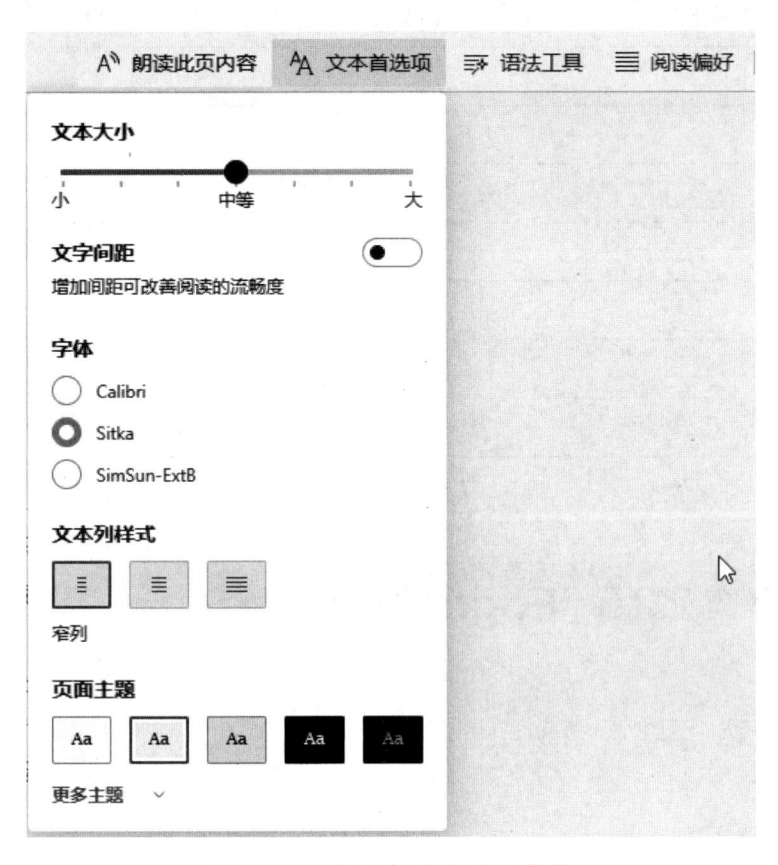

图 2.33 "文本首选项"菜单

其他操作内容

五、实验操作总结

_____
_____
_____
_____
_____
_____
_____

上机实验操作 2.2.5　Edge 的基本设置

根据上机实验操作内容，完成实验操作报告。

一、实验操作目的

_____
_____

二、实验操作环境

硬件环境（设备型号）：_____
软件环境（软件名称）：_____

三、实验操作准备

_____
_____
_____
_____

四、实验操作内容

1. 将 Edge 浏览器的默认主页设置为电子工业出版社的网址（https://www.phei.com.cn）。单击"设置及其他"按钮，在弹出的菜单中选择"设置"选项，如图 2.34 所示。在"设置"页面的左侧选择"开始、主页和新建标签页"选项，在右侧"Microsoft Edge 启动时"区域中，单击"添加新页面"按钮，输入网址，将该网址设置为默认主页，如图 2.35 所示。

图 2.34 "设置"选项

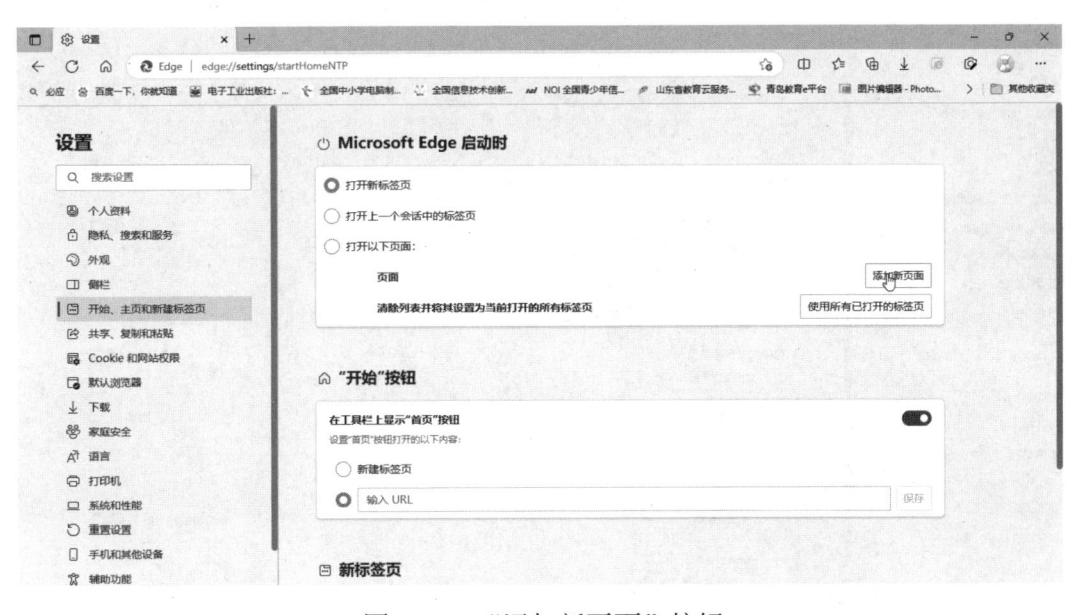

图 2.35 "添加新页面"按钮

2. 设置浏览器的外观。在"设置"页面还可以对浏览器进行设置，在左侧选择"外观"选项，右侧可以更改浏览器的整体外观和主题，如图 2.36 所示；可以缩放页面和自定义工具栏，如图 2.37 所示；可以设置"上下文菜单"，如图 2.38 所示；还可以设置"字体"，如图 2.39 所示。

图 2.36 更改浏览器的整体外观和主题

图 2.37 缩放页面和自定义工具栏

图2.38 设置"上下文菜单"

图2.39 设置"字体"

3．选择"侧栏"选项，单击"自定义边栏"按钮，如图2.40所示，对浏览器的侧栏进行设置。设置完成后关闭浏览器，再重新打开浏览器观察设置后的效果。

图 2.40 "自定义边栏"按钮

4. 选择"共享、复制和粘贴"选项，单击"在网页中复制链接时使用上面选择的格式"开关按钮，打开一个网页，在网页中选择一段文字并复制，在 WPS 等文本编辑软件中分别按【Ctrl+V】组合键和【Ctrl+Shift+V】组合键进行粘贴，体会两者的不同，粘贴快捷键如图 2.41 所示。

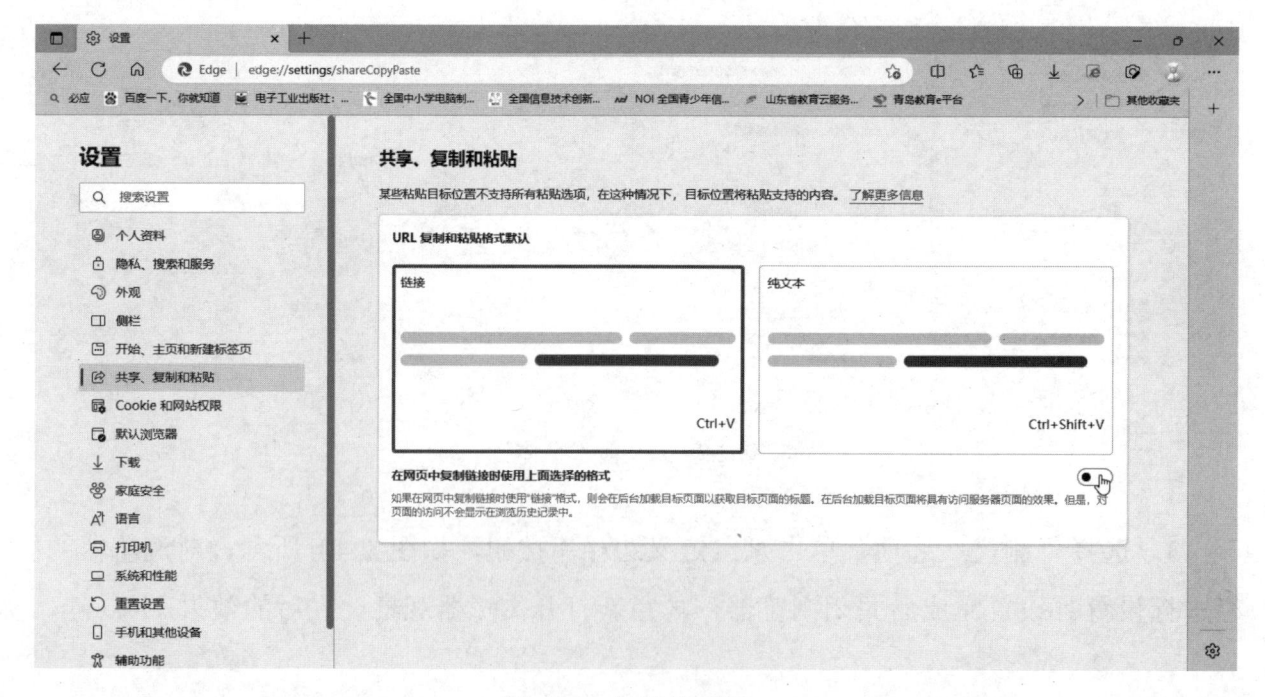

图 2.41 粘贴快捷键

5. 选择"Cookie 和网站权限"选项,选择"查看所有 Cookie 和站点数据"选项,将默认保存的 Cookie 删除,如图 2.42 所示。

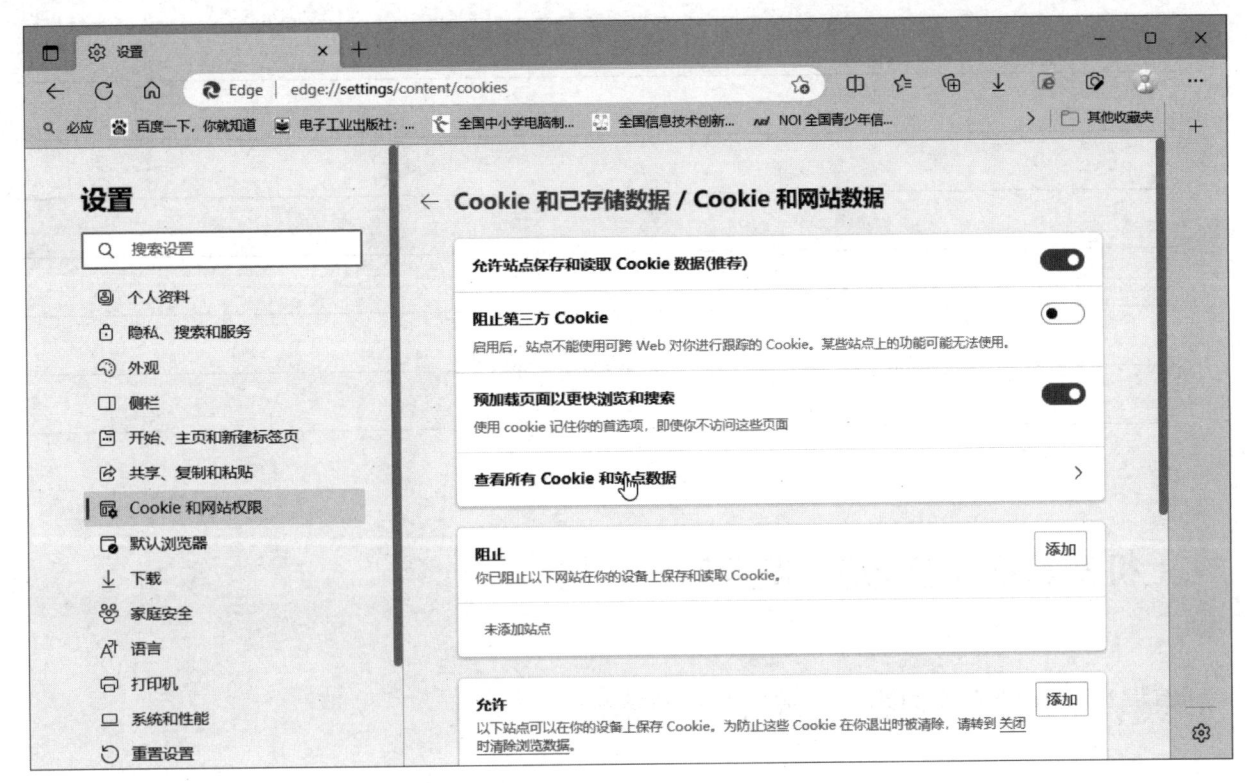

图 2.42 "查看所有 Cookie 和站点数据"选项

提示:清理 Cookie 不仅仅是清除了系统的冗余,提高系统运行速度,而且可以保证登录网站等一些私密信息不被泄露。

其他操作内容

五、实验操作总结

_____
_____
_____
_____
_____
_____
_____

上机实验操作 2.2.6　搜索引擎应用

根据上机实验操作内容，完成实验操作报告。

一、实验操作目的

_____
_____

二、实验操作环境

硬件环境（设备型号）：_____

软件环境（软件名称）：_____

三、实验操作准备

_____
_____

四、实验操作内容

1. 使用关键字搜索。在百度中搜索"熊猫"的信息，如图 2.43 所示。然后将搜索到的关于"熊猫"的文字和图片复制下来，在 WPS 中复制粘贴并排版，完成一篇介绍熊猫的图文并茂的文章。

图 2.43　搜索"熊猫"的信息

2．使用分类搜索。单击"文库"按钮，搜索关于"熊猫"的文档信息，将会显示关于熊猫的文档，如图 2.44 所示。

图 2.44　搜索关于"熊猫"的文档

3．使用地图搜索。在百度地图中搜索"北京动物园"的信息，然后规划从学校乘车到北京动物园的乘车路线，将乘坐什么交通工具、大约时间、在哪里换乘等信息记录下来，写入实验报告，鸟巢到北京动物园的路径如图 2.45 所示。

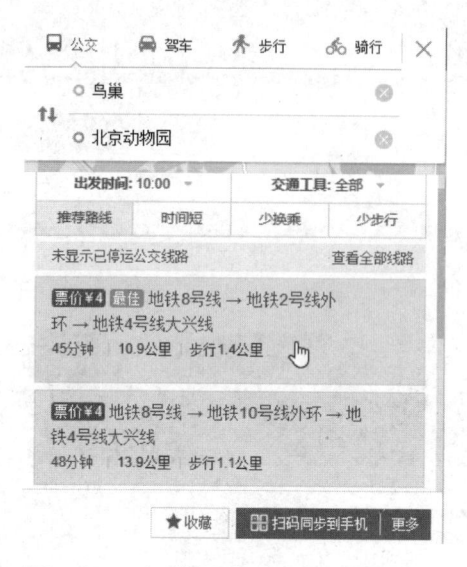

图 2.45　鸟巢到北京动物园的路径

4．使用高级搜索。在百度页面中，单击"设置"文字链接，在弹出的快捷菜单中选择"高级搜索"选项，弹出"高级搜索"对话框。在"包含全部关键词""包含完整关键词""包含任意关键词"文本框中分别输入"熊猫"，在"不包括关键词"文本框中输入"产品"，单击"高级搜索"按钮，进行高级搜索，体会高级搜索的作用，"高级搜索"对话框如图 2.46 所示。

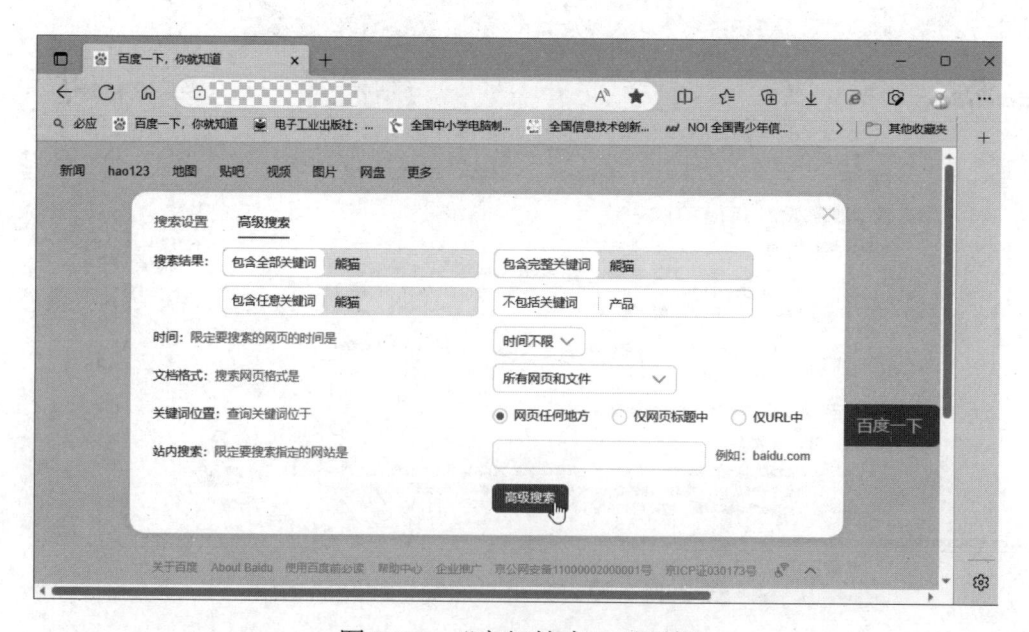

图 2.46　"高级搜索"对话框

其他操作内容

　

五、实验操作总结

　

2.3　使用电子邮件

1. 电子邮件的服务器是（　　）。

    A．邮政局的网站

    B．商业公司的网站服务器

    C．提供电子邮件服务的计算机主机

    D．路由器

2. 电子邮件发送服务器的简称是（　　），电子邮件接收服务器的简称是（　　）。

　　A．FTP 服务器　　　　　　　　　B．HTTP 服务器

　　C．SMTP 服务器　　　　　　　　D．POP 服务器

3. 下列书写格式正确的电子邮件地址是（　　）。

　　A．fg@edu,bj.com　　　　　　　B．fg,b@edu.bj.com

　　C．fg@edu.bj.com　　　　　　　D．fg.edu.bj.com

4. 在电子邮件地址中，@的左侧是用户名称，右侧是（　　）。

　　A．WWW 服务器域名　　　　　　B．电话号码

　　C．用户账号　　　　　　　　　　D．电子邮件的服务器域名

5. 电子邮件接收的（　　）方式是将电子邮件总保留在服务器上，接收电子邮件时只把电子邮件的主题下载到硬盘，只有当阅读时才下载。

　　A．FTP　　　　　　　　　　　　B．SMTP

　　C．IMAP　　　　　　　　　　　D．POP

6. 电子邮箱通常设置在（　　）上。

　　A．用户计算机　　　　　　　　　B．WWW 服务器

　　C．电子邮件服务器　　　　　　　D．FTP 服务器

上机实验操作 2.3.1　免费电子邮箱的申请（选做）

根据上机实验操作内容，完成实验操作报告。

一、实验操作目的

_____

_____

二、实验操作环境

硬件环境（设备型号）：_____

软件环境（软件名称）：_____

三、实验操作准备

_____

_____

四、实验操作内容

1．在开始申请之前，提前准备好电子邮箱所使用的用户名和密码，尽可能多准备几个不同的用户名，避免因为用户名被占用而影响上机实验操作的正常进行。

2．注册网易免费邮箱，如图 2.47 所示。

图 2.47　注册网易免费邮箱

其他操作内容

_____

_____

_____

_____

_____

_____

_____

五、实验操作总结

_____
_____
_____
_____
_____
_____
_____
_____

上机实验操作 2.3.2　使用浏览器收发和管理电子邮件

根据上机实验操作内容，完成实验操作报告。

一、实验操作目的

_____
_____

二、实验操作环境

硬件环境（设备型号）：_____

软件环境（软件名称）：_____

三、实验操作准备

_____
_____

四、实验操作内容

1. 登录电子邮箱，两人一组交换电子邮件地址，然后互相发送一封电子邮件，撰写电子邮件页面，如图 2.48 所示。

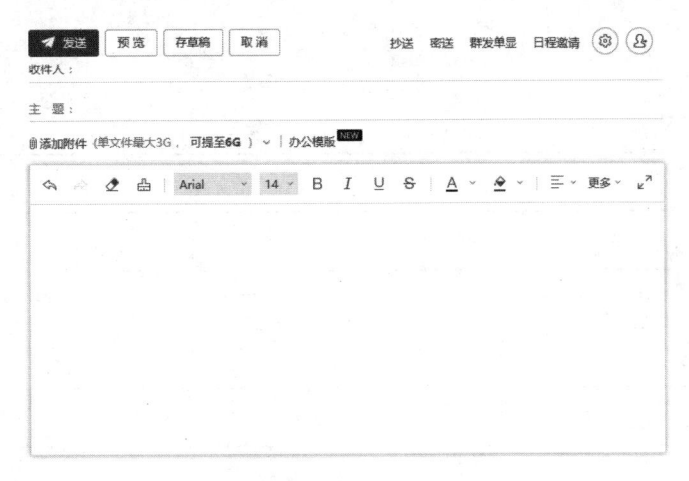

图 2.48　撰写电子邮件页面

2．登录电子邮箱，查看是否收到新的电子邮件，若有新的电子邮件，则打开并查看该电子邮件的内容。

3．将电子邮件的地址加入通信录，选择"保存联系人"选项，如图 2.49 所示。

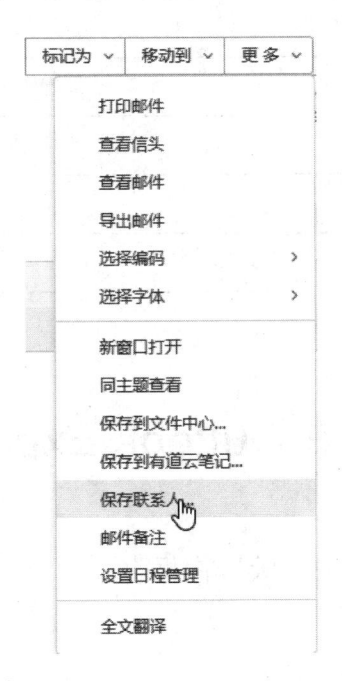

图 2.49　"保存联系人"选项

4．将新收到并打开的电子邮件删除。

5．重复发送电子邮件的操作，地址从通信录中选取，然后将从百度上搜索出的一幅熊猫照片作为附件发送出去。

6. 查找并打开电子邮件，下载熊猫图片，最后将该电子邮件删除。

其他操作内容

_____
_____
_____
_____
_____
_____

五、实验操作总结

_____
_____
_____
_____
_____
_____
_____

上机实验操作 2.3.3　在 Outlook Express 中设置邮箱

根据上机实验操作内容，完成实验操作报告。

一、实验操作目的

_____
_____

二、实验操作环境

硬件环境（设备型号）：_____

软件环境（软件名称）：_____

三、实验操作准备

_____

_____

四、实验操作内容

1. 登录申请电子邮箱的网址，查找电子邮件服务器的域名，填入表 2.1，为配置 Outlook 做准备。

表 2.1　登录申请电子邮箱的网址和查找电子邮件服务器的域名

用户名	
密码	（不填写）
发件服务器	
收件服务器	

2. 打开 Outlook，输入相关信息。添加新账户，如图 2.50 所示，IMAP 账户设置，如图 2.51 所示。

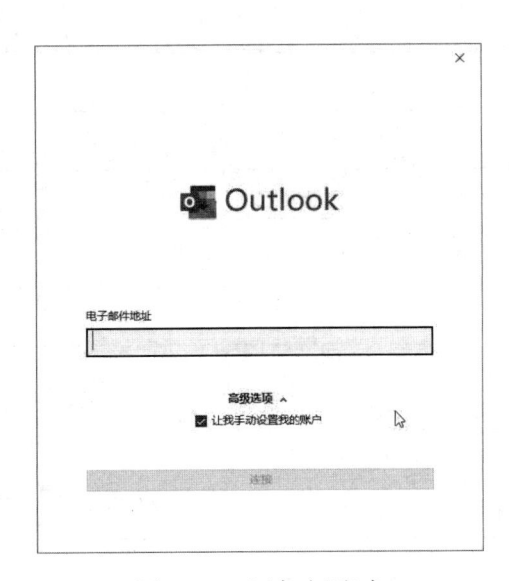

图 2.50　添加新账户

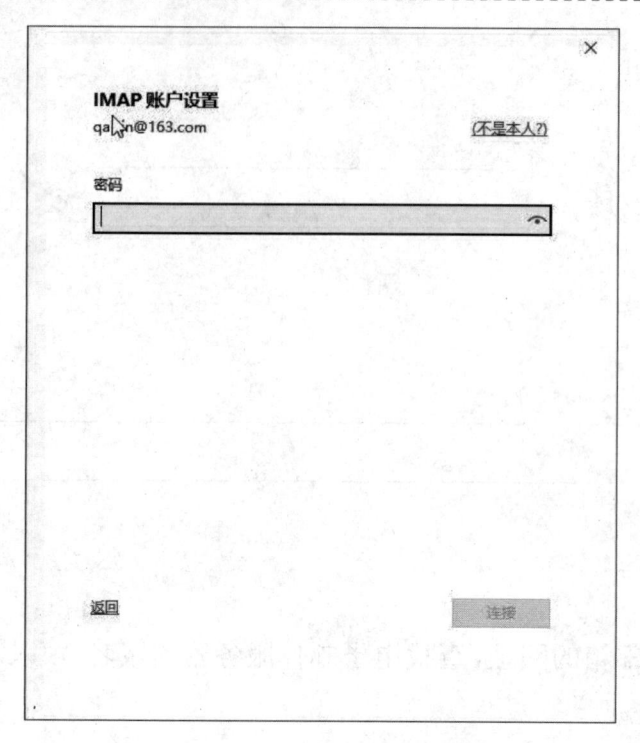

图 2.51　IMAP 账户设置

3．配置完成后，关闭 Outlook 并再次打开，查看是否可以成功连接上电子邮件服务器。

其他操作内容

_____
_____
_____
_____
_____
_____
_____

五、实验操作总结

_____
_____

上机实验操作 2.3.4　在 Outlook 中接收和发送电子邮件

根据上机实验操作内容，完成实验操作报告。

一、实验操作目的

二、实验操作环境

硬件环境（设备型号）：_____

软件环境（软件名称）：_____

三、实验操作准备

四、实验操作内容

1．打开 Outlook，设置电子邮箱为"发送自动答复"，如图 2.52 所示。

2．打开 Outlook，撰写一封电子邮件，主题为"知识竞赛通知"；内容为"各位同学：为激励同学们努力学习网络知识，不断追踪计算机网络的飞速发展，校学生会将于近期举行网络知识竞赛，请同学们做好准备，踊跃报名参赛。班委"，如图 2.53 所示。撰写完成后将其发送到同学的邮箱。

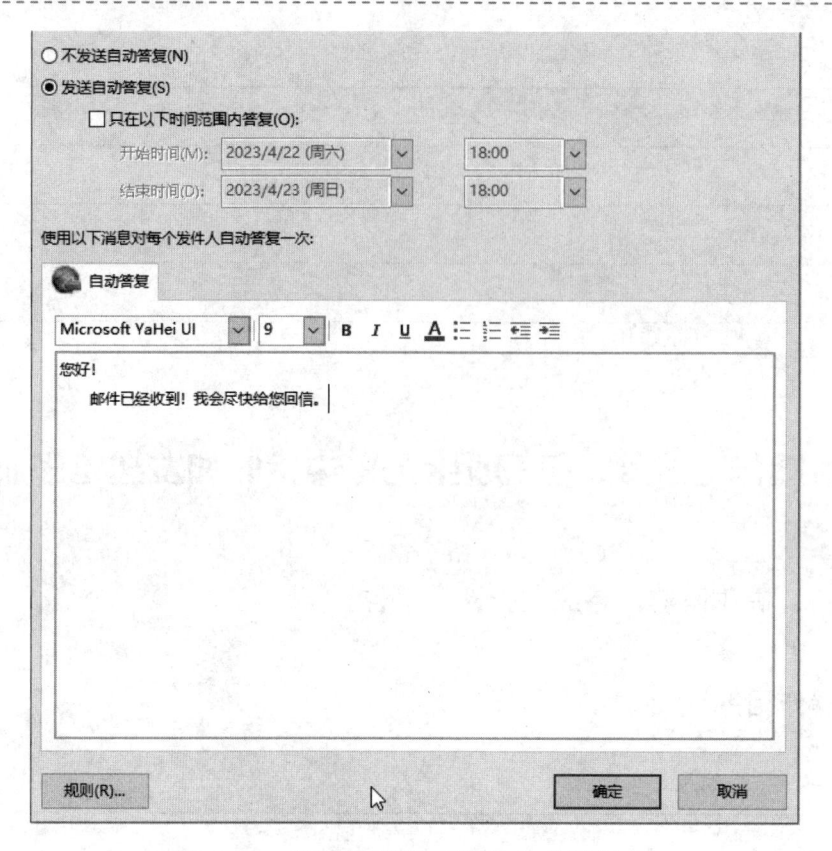

图 2.52 设置邮箱为"发送自动答复"

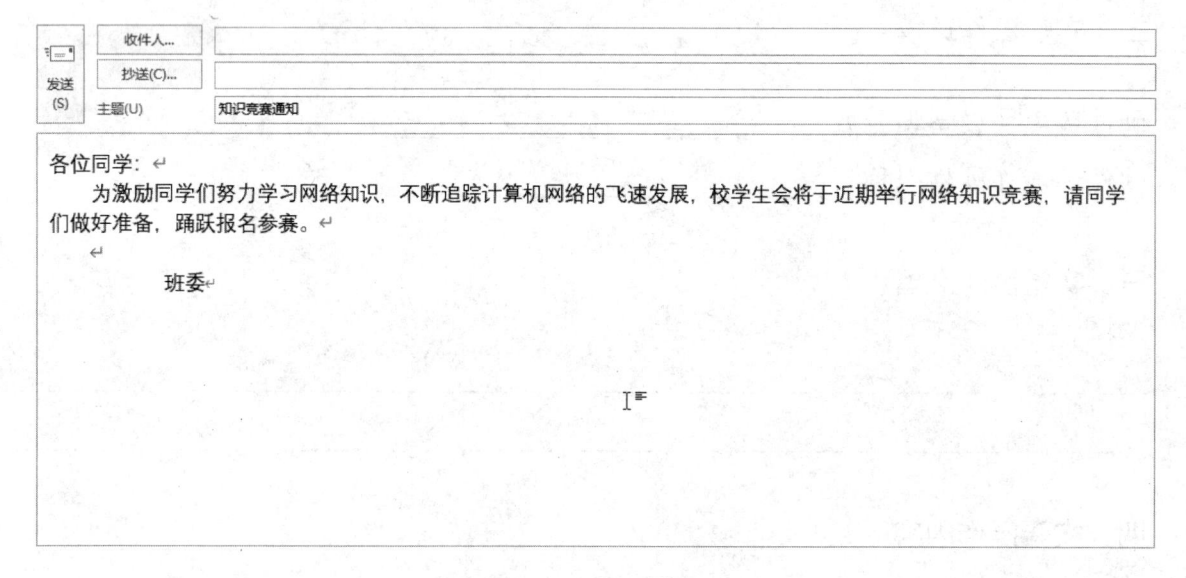

图 2.53 撰写电子邮件

3. 提前询问甲、乙、丙三位同学的电子邮箱的地址。打开 Outlook，撰写一封电子邮件，主题和邮件内容自拟，将其发送给甲同学，抄送给乙同学和丙同学。

4. 打开 Outlook，阅读收到的电子邮件，选择一封电子邮件进行回复，选择另一封电子邮件将其删除。"删除"选项如图 2.54 所示。

图 2.54 "删除"选项

其他操作内容

五、实验操作总结

上机实验操作 2.3.5　附件的发送和阅读

根据上机实验操作内容，完成实验操作报告。

一、实验操作目的

_____
_____

二、实验操作环境

硬件环境（设备型号）：_____

软件环境（软件名称）：_____

三、实验操作准备

_____
_____

四、实验操作内容

1．打开百度，搜索关于中国高铁的信息，下载至少两幅关于中国高铁的图片，保存介绍中国高铁的文字。打开 WPS 或其他文本编辑软件，将下载的中国高铁图片和保存的中国高铁文字插入到文档中并进行排版，形成一篇介绍中国高铁的文章，并将文件命名为"中国高铁"。

2．撰写一封电子邮件，电子邮件的主题为中国高铁，电子邮件的内容自拟，将介绍中国高铁的文档作为附件一并发送给邻座的同学，并抄送给老师。插入附件的界面如图 2.55 所示。

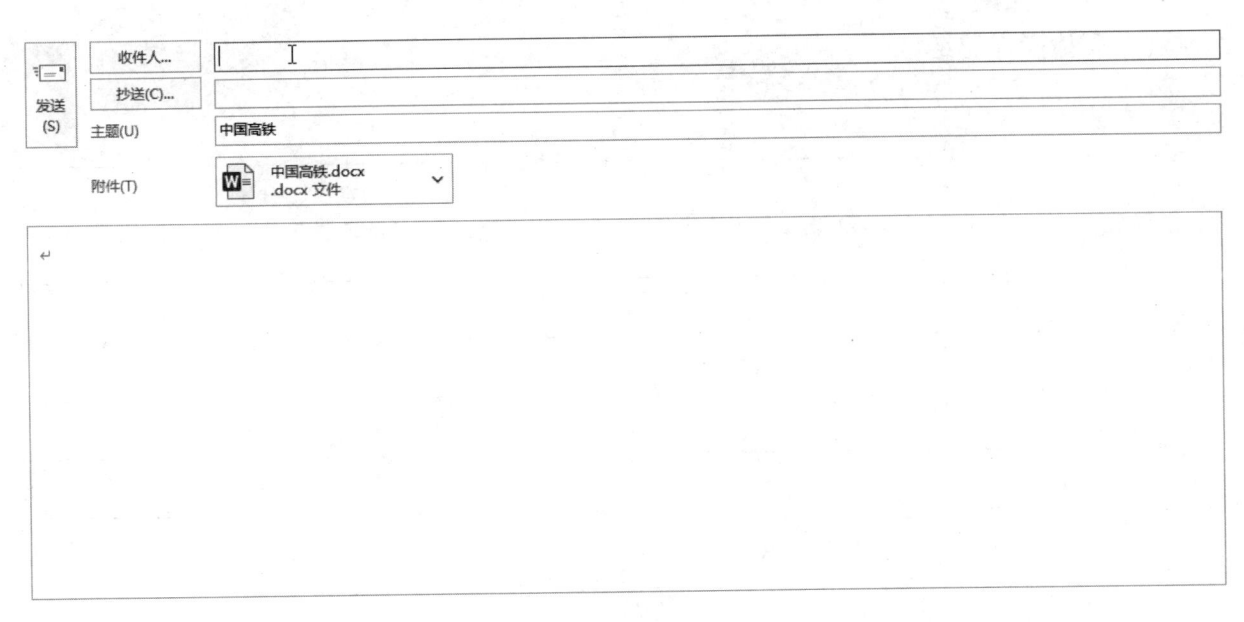

图 2.55　插入附件的界面

3．接收电子邮件，将收到的电子邮件转发给另一名同学。

4．打开新的电子邮件，将附件中的文档下载保存。打开文档，检查文档中是否有错别字或者语句不通顺的地方，将错误修改，并将行距设置为 1.5 倍行距，保存后将文档作为附件寄还发信者。

5．将电子邮箱中重复的电子邮件删除。

其他操作内容

五、实验操作总结

_____
_____
_____
_____
_____
_____
_____

上机实验操作 2.3.6　使用通信录

根据上机实验操作内容，完成实验操作报告。

一、实验操作目的

_____
_____

二、实验操作环境

硬件环境（设备型号）：_____

软件环境（软件名称）：_____

三、实验操作准备

_____
_____

四、实验操作内容

1. 将老师提供的电子邮箱地址加入通信录，如图 2.56 所示。然后撰写一封新电子邮件，邮件的主题和内容自拟从通信录中选择该地址。

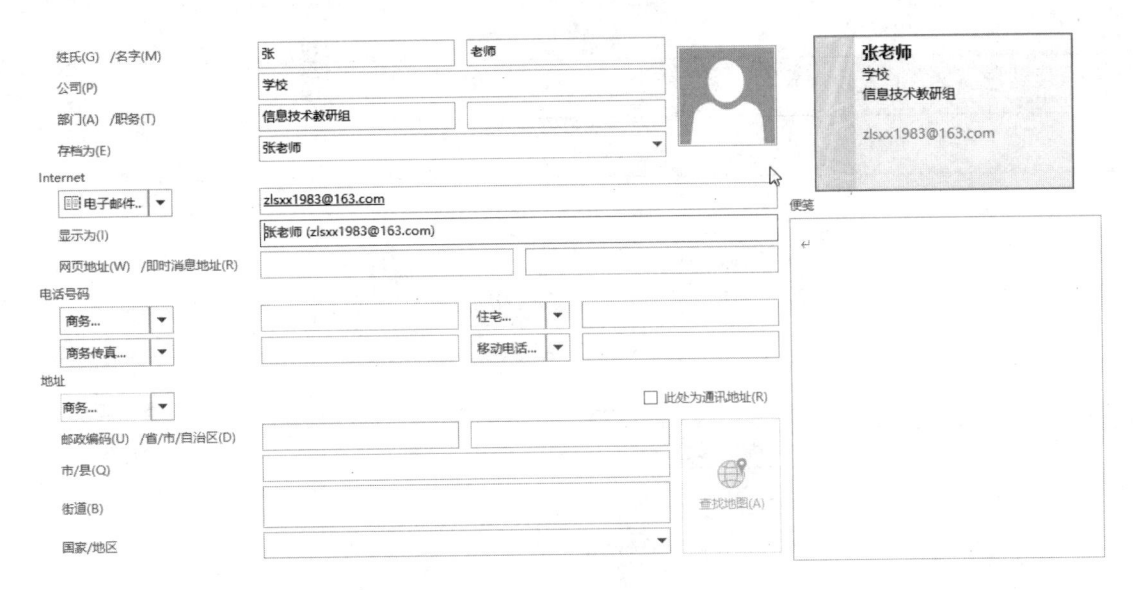

图 2.56　加入通信录

2．在 Outlook 中，将收件箱内的发件人地址都加入到通信录中。

3．编辑通信录。打开通信录，对联系人的信息进行编辑，将联系人的姓名和昵称更改为正确的信息，将空白的信息填写完整。

4．撰写一封电子邮件，主题为：人工智能讲座。电子邮件内容为："学校将于周五下午 15:30 在学术报告厅举行人工智能讲座，聘请大学教授作报告，并与同学互动。请参加的同学 15:20 到达会场，会议期间保持安静。"从通信录中选取电子邮箱的地址，将撰写完毕的电子邮件发送给一位同学，并抄送给老师。

其他操作内容

五、实验操作总结

2.4 下载文件

1. 下列关于文件下载的说法正确的是（　　）。

   A．下载就是将文件从 FTP 服务器剪切到计算机上

   B．下载就是将文件从 FTP 服务器复制到计算机上

   C．下载就是将文件从 FTP 服务器粘贴到计算机上

   D．下载就是将文件从 FTP 服务器移动到计算机上

2. （多选题）可以任意下载，不必担心版权的软件有（　　）。

   A．免费软件　　　　　　　　　B．捐赠软件

   C．共享软件　　　　　　　　　D．演示软件

3. 快速找到软件的方法有（　　）。

   A．直接去软件的官网下载

   B．在搜索引擎按软件名称搜索后下载

   C．在提供软件下载的专业网站按软件类别搜索后下载

   D．在提供软件下载的专业网站按软件名称搜索后下载

4. （多选题）下载软件速度快的原因有（　　）。

   A．下载软件可以同时从多个服务器下载

B. 下载软件可以同时从多个节点下载

C. 下载软件本身存有大量软件

D. 下载软件本身就是搜索引擎，能快速找到软件

5．（多选题）常见的压缩文件有（   ）。

　　A. RAR 格式文件　　　　　　B. JPG 格式文件

　　C. ZIP 格式文件　　　　　　 D. MP3 格式文件

上机实验操作 2.4.1　在浏览器中直接下载软件

根据上机实验操作内容，完成实验操作报告。

一、实验操作目的

_____

_____

二、实验操作环境

硬件环境（设备型号）：_____

软件环境（软件名称）：_____

三、实验操作准备

_____

_____

四、实验操作内容

1. 打开百度，找到百度输入法下载页面，右击，在弹出的快捷菜单中选择"将链接另存为"选项，打开"另存为"对话框，单击"保存"按钮，在打开的"下载"页面可以看到已经开始下载，如图 2.57～图 2.59 所示。

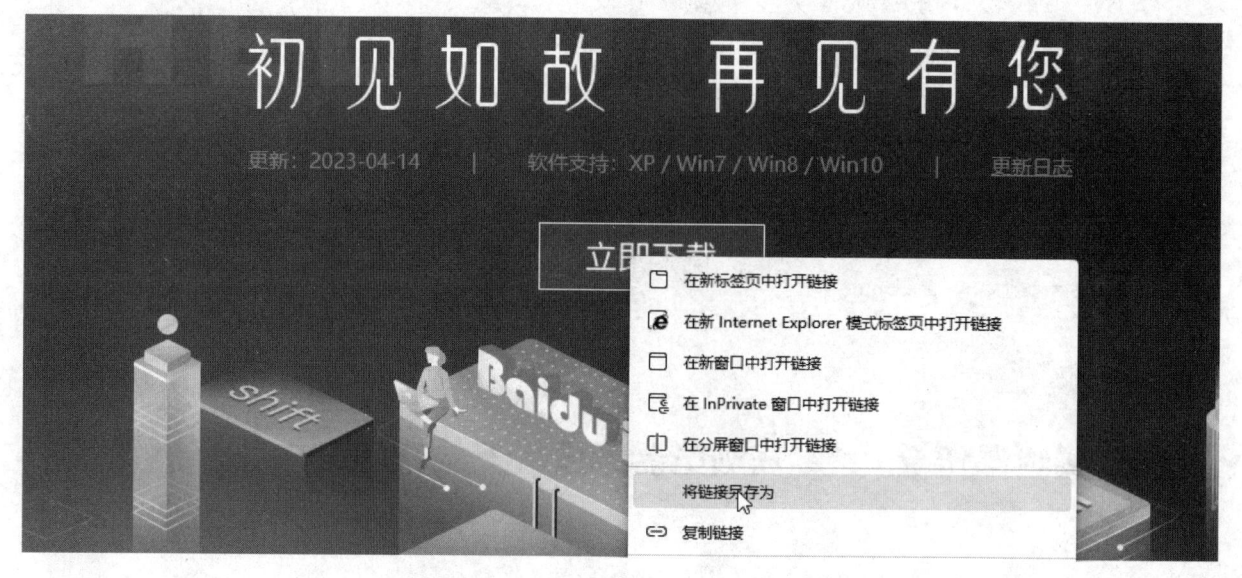

图 2.57 "将链接另存为"选项

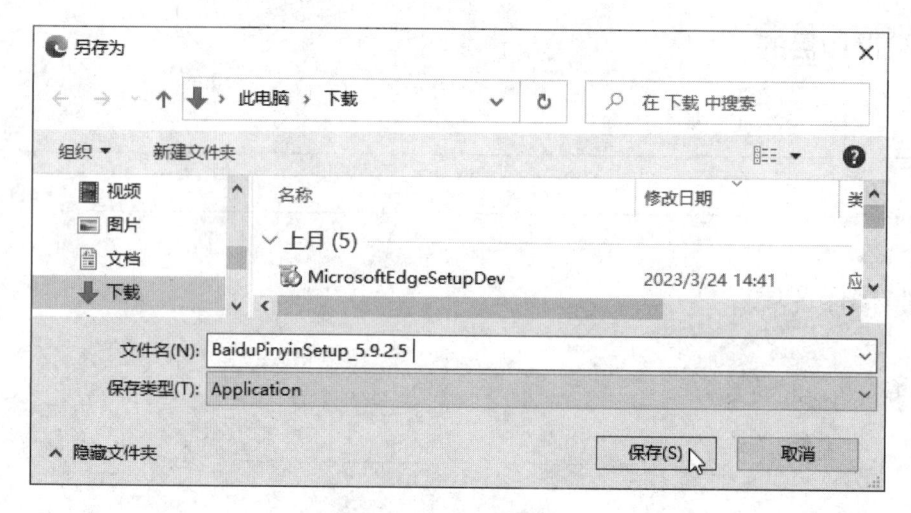

图 2.58 "另存为"对话框

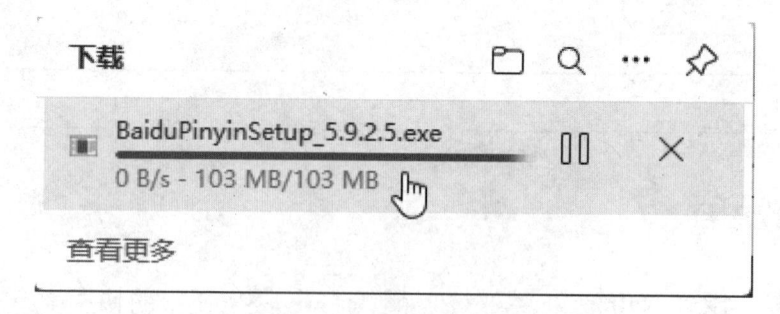

图 2.59 开始下载

2．将下载的输入法安装到计算机上。

3．打开腾讯软件中心，在"分类热门"页面中单击"解压刻录"软件，找到"WinRAR"安装文件，将其下载下来，并安装到计算机上，如图2.60所示。

图2.60　解压刻录类软件

4．使用上面掌握的方法下载"迅雷"的安装文件，将其安装到计算机上。
5．打开华信教育资源网，选择教学资源，使用迅雷将其下载到计算机桌面上。

其他操作内容

_____
_____
_____
_____
_____
_____
_____

五、实验操作总结

_____
_____
_____
_____
_____
_____
_____
_____

上机实验操作 2.4.2　压缩与解压缩

根据上机实验操作内容，完成实验操作报告。

一、实验操作目的

_____
_____

二、实验操作环境

硬件环境（设备型号）：_____

软件环境（软件名称）：_____

三、实验操作准备

_____

四、实验操作内容

1．确认计算机已经安装了 WinRAR，如果没有安装，下载 WinRAR 的安装文件，并将其安装到计算机上。

2．在桌面建立一个名为"藏羚羊图片"的文件夹，搜索藏羚羊的图片，至少保存 5 张藏羚羊图片到桌面的"藏羚羊图片"文件夹中。右击"藏羚羊图片"文件夹，在弹出的快捷菜单中选择"添加到'藏羚羊图片.rar'"选项，将"藏羚羊图片"文件夹压缩成"藏羚羊图片.rar"文件，如图 2.61 所示。

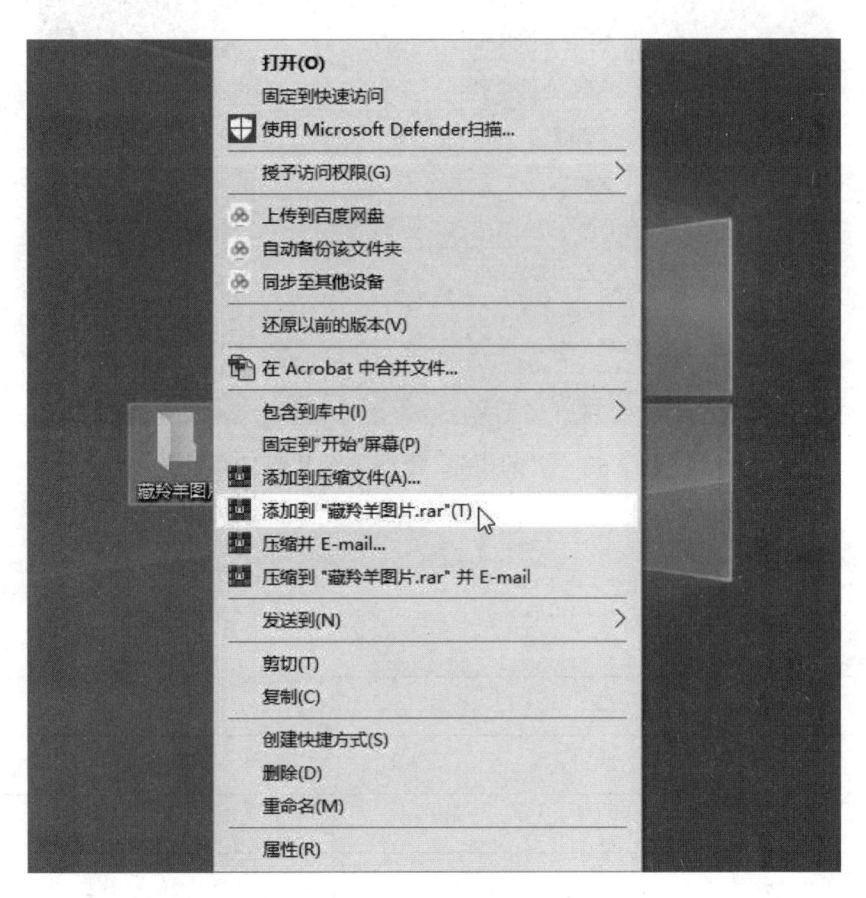

图 2.61　"添加到'藏羚羊图片.rar'"选项

3．将"藏羚羊图片.rar"文件作为电子邮件的附件发送给同学，并抄送给老师。将同学发送来的电子邮件打开，并把"藏羚羊图片.rar"文件下载到计算机上。

4．选择"解压到 藏羚羊图片"选项，如图 2.62 所示，将"藏羚羊图片.rar"文件解压缩。

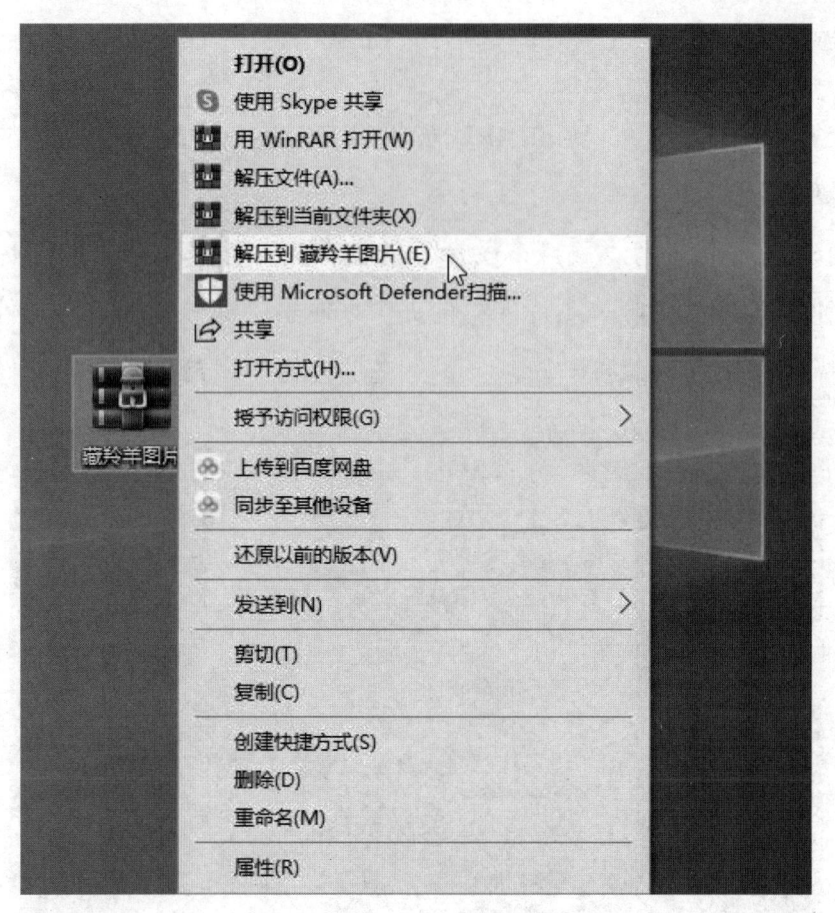

图 2.62 "解压到 藏羚羊图片"选项

其他操作内容

五、实验操作总结

_____
_____
_____
_____
_____
_____
_____

2.5　防治网络病毒

1．（多选题）以下属于网络病毒的是（　　）。
　　A．特洛伊木马病毒　　　　　　B．邮件病毒
　　C．网页病毒　　　　　　　　　D．宏病毒
2．（多选题）网页病毒主要通过（　　）等嵌入网页。
　　A．Java 小程序　　　　　　　　B．Java 脚本语言程序
　　C．ActiveX 软件部件　　　　　 D．宏
3．（多选题）流氓软件包括（　　）等。
　　A．广告软件　　　　　　　　　B．间谍软件
　　C．特洛伊木马病毒　　　　　　D．IE 插件

上机实验操作 2.5.1　使用杀病毒软件

根据上机实验操作内容，完成实验操作报告。

一、实验操作目的

_____
_____

二、实验操作环境

硬件环境（设备型号）：_____
软件环境（软件名称）：_____

三、实验操作准备

_____
_____

四、实验操作内容

1. 确认计算机已经安装了杀毒软件，如果没有安装，下载杀毒软件的安装文件，并将其安装到计算机上。

2. 使用"全盘扫描"功能对计算机进行全盘扫描，并对扫描发现的问题进行处理，如图 2.63 所示。

图 2.63　全盘扫描

3．升级杀毒软件的病毒库，确保病毒库是最新的，如图 2.64 所示。

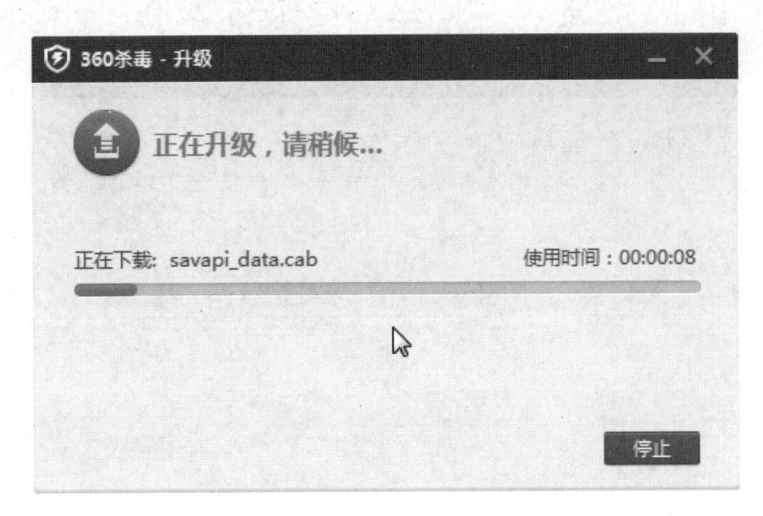

图 2.64　升级杀毒软件的病毒库

4．选择"实时防护设置"选项，对杀毒软件的实时监控状态进行设置，如图 2.65 所示。

图 2.65　"实时防护设置"选项

5．使用安全卫士扫描计算机上的木马病毒，对扫描出的问题进行处理。木马扫描界面如图 2.66 所示。

图 2.66　木马扫描界面

6. 使用安全卫士对计算机进行清理，以提高计算机的运行效率。清理计算机界面如图 2.67 所示。

图 2.67　清理计算机界面

其他操作内容

五、实验操作总结

模块 3　使用 Dreamweaver 制作网页

3.1　建立网站

1. （多选题）网页中可以包含（　　）等信息。
   A. 文字　　　　　　　　　　B. 图像
   C. 动画　　　　　　　　　　D. 声音

2. 关于网页和主页的关系，以下说法正确的是（　　）。
   A. 网页是主页的一种　　　　B. 主页是网页的一种
   C. 主页是网页中内容最多的一个　　D. 主页是名字为"主页"的网页

3. HTML 的含义是（　　）。
   A. 高级网页描述语言　　　　B. 超级文本标识语言
   C. 超级文本管理语言　　　　D. 超级网页协议

4. 用 HTML 语言编辑网页（　　）。
   A. 必须用 Dreamweaver 等专业编辑软件
   B. 可以使用浏览器编辑
   C. 可以使用记事本编辑
   D. 不能编辑有图像和动画的网页

5. （多选题）以下关于静态网页的说法正确的有（　　）。
   A. 静态网页就是没有动画和视频的网页
   B. 静态网页与动态网页的区别是使用的服务器技术不同
   C. 静态网页只有在特殊的浏览器上才会有动态效果
   D. 静态网页在服务器上是真实存在的

6. 支持动态网页的技术有（　　）和（　　）。

A．客户端动态技术 B．WWW 动态技术

C．动画技术 D．服务器动态技术

7．动态网页有（   ）和（   ）等。

A．HTTP 网页 B．ASP 网页

C．PHP 网页 D．HTML 网页

8．ASP 网页需要（   ）来解释网页的内容。

A．浏览器 B．服务器

C．客户端 D．CPU

9．使用 Dreamweaver 建立网站，选择（   ）菜单下的"新建站点"选项。

A．文件 B．窗口

C．站点 D．命令

10．网站的主页，一般使用的文件名为（   ）。

A．index.doc B．zhuye.html

C．index.html D．可以任意

上机实验操作 3.1.1　观察优秀网站，了解 HTML 语言

根据上机实验操作内容，完成实验操作报告。

一、实验操作目的

_____

_____

二、实验操作环境

硬件环境（设备型号）：_____

软件环境（软件名称）：_____

三、实验操作准备

_____
_____

四、实验操作内容

1. 浏览网页内容，观察其特点，完成填空。

（1）启动浏览器，通过搜索引擎查询并打开中央电视台官网的主页。浏览网页内容可以知道，该网站的网址是_____，由域名中的 com 可知其属于_____网站，首页的标题是_____。

（2）启动浏览器，通过搜索引擎打开教育部官网的主页。浏览网页内容可以知道，该网站的网址是_____，由域名中的 gov 可知其属于_____网站，该网页主要用于_____，该网页的标题是_____。

（3）启动浏览器，通过搜索引擎打开华为公司官网的主页。浏览网页内容可以知道，该网站的网址是_____，由域名中的 com 可知其属于_____网站，网页的标题是_____。与前两个网页相比，该网页的最大特点是_____。

2. 打开浏览器，输入"https://www.phei.com.cn"并按【Enter】键，打开电子工业出版社官网的首页。在网站中找到"出版社简介"网页，如图 3.1 所示。

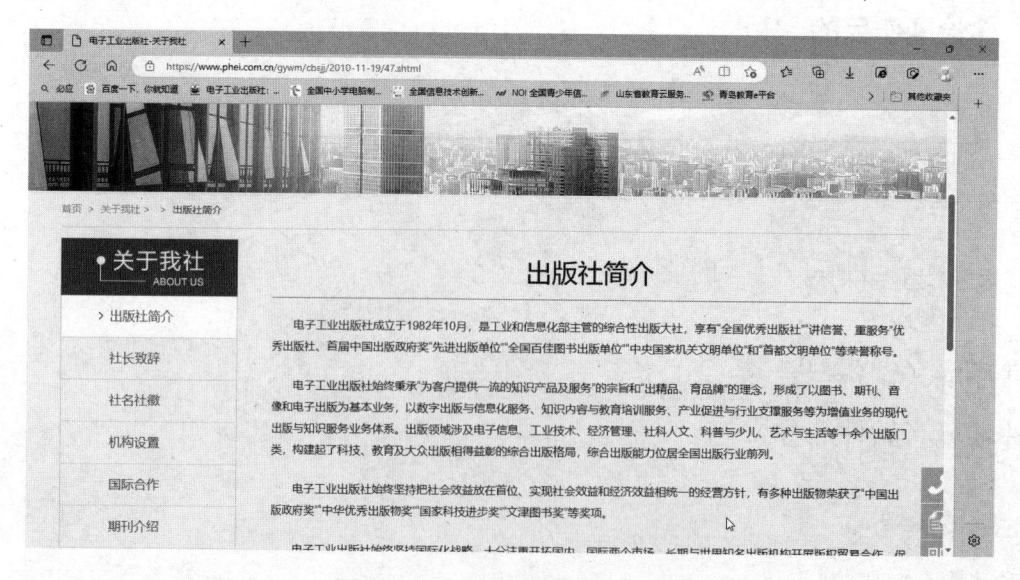

图 3.1 "出版社简介"网页

3．将“出版社简介”网页保存到桌面上。打开记事本，单击“文件”按钮，在弹出的菜单中选择“打开”选项，在记事本中打开“出版社简介”网页，拖动滚动条，观察文件的内容，体会使用 HTML 语言编辑网页的风格，如图 3.2 所示。

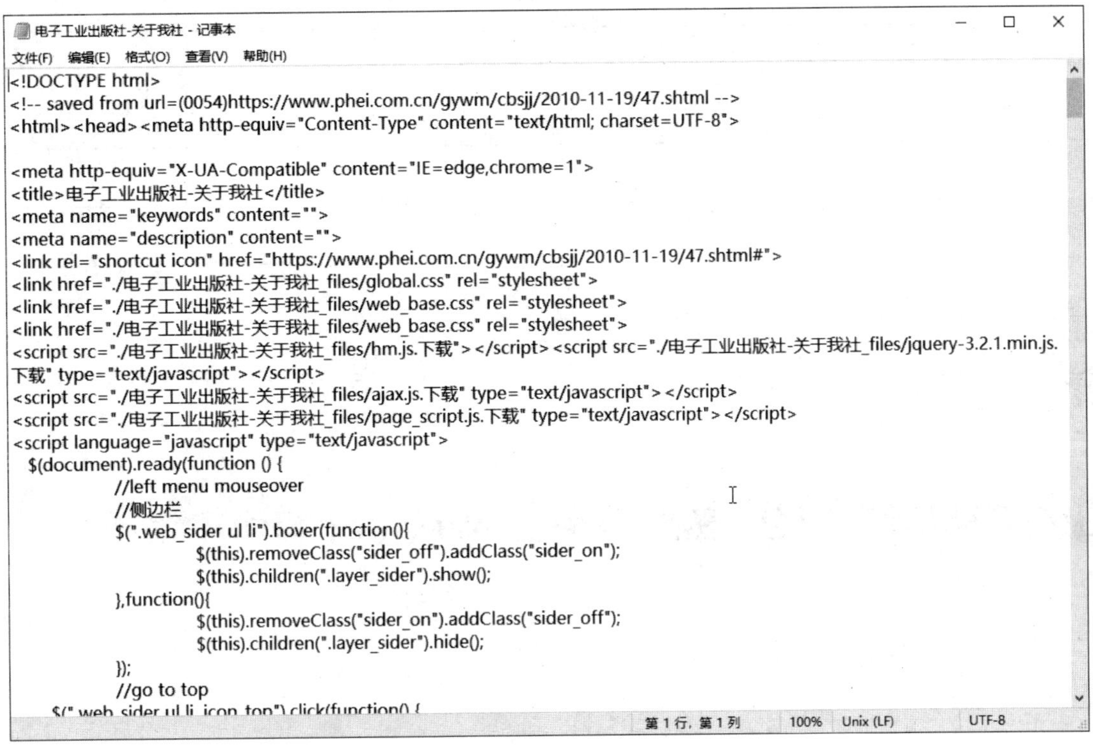

```
电子工业出版社-关于我社 - 记事本
文件(F)  编辑(E)  格式(O)  查看(V)  帮助(H)
<!DOCTYPE html>
<!-- saved from url=(0054)https://www.phei.com.cn/gywm/cbsjj/2010-11-19/47.shtml -->
<html><head><meta http-equiv="Content-Type" content="text/html; charset=UTF-8">

<meta http-equiv="X-UA-Compatible" content="IE=edge,chrome=1">
<title>电子工业出版社-关于我社</title>
<meta name="keywords" content="">
<meta name="description" content="">
<link rel="shortcut icon" href="https://www.phei.com.cn/gywm/cbsjj/2010-11-19/47.shtml#">
<link href="./电子工业出版社-关于我社_files/global.css" rel="stylesheet">
<link href="./电子工业出版社-关于我社_files/web_base.css" rel="stylesheet">
<link href="./电子工业出版社-关于我社_files/web_base.css" rel="stylesheet">
<script src="./电子工业出版社-关于我社_files/hm.js.下载"></script><script src="./电子工业出版社-关于我社_files/jquery-3.2.1.min.js.
下载" type="text/javascript"></script>
<script src="./电子工业出版社-关于我社_files/ajax.js.下载" type="text/javascript"></script>
<script src="./电子工业出版社-关于我社_files/page_script.js.下载" type="text/javascript"></script>
<script language="javascript" type="text/javascript">
  $(document).ready(function () {
            //left menu mouseover
            //侧边栏
            $(".web_sider ul li").hover(function(){
                    $(this).removeClass("sider_off").addClass("sider_on");
                    $(this).children(".layer_sider").show();
            },function(){
                    $(this).removeClass("sider_on").addClass("sider_off");
                    $(this).children(".layer_sider").hide();
            });
            //go to top
    $(".web_sider ul li_icon_top").click(function() {
第 1 行，第 1 列    100%    Unix (LF)    UTF-8
```

图 3.2　在记事本中打开“出版社简介”网页

其他操作内容

五、实验操作总结

_____
_____
_____
_____
_____
_____
_____

上机实验操作 3.1.2　熟悉 Dreamweaver 操作环境

根据上机实验操作内容，完成实验操作报告。

一、实验操作目的

_____
_____

二、实验操作环境

硬件环境（设备型号）：_____

软件环境（软件名称）：_____

三、实验操作准备

_____
_____

四、实验操作内容

1. 启动 Dreamweaver，熟悉 Dreamweaver 的环境。新建网页，Dreamweaver 操作界面如图 3.3 所示。

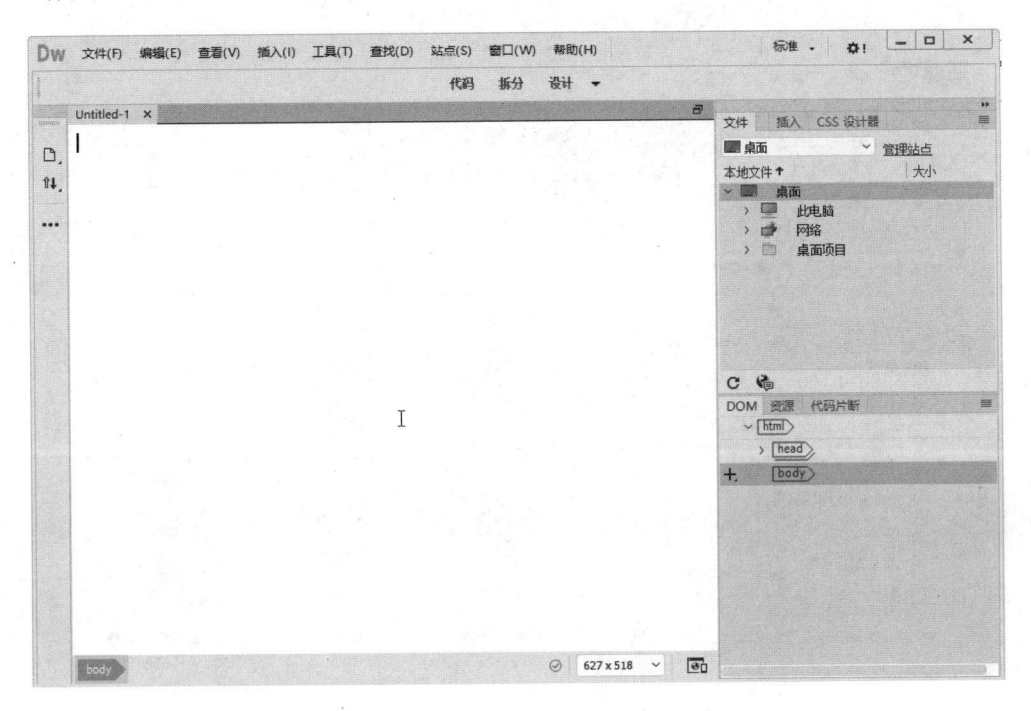

图 3.3　Dreamweaver 操作界面

2. 规划一个关于桥梁的网站，要求有三层，有 10 个以上的网页。网站结构图如图 3.4 所示。

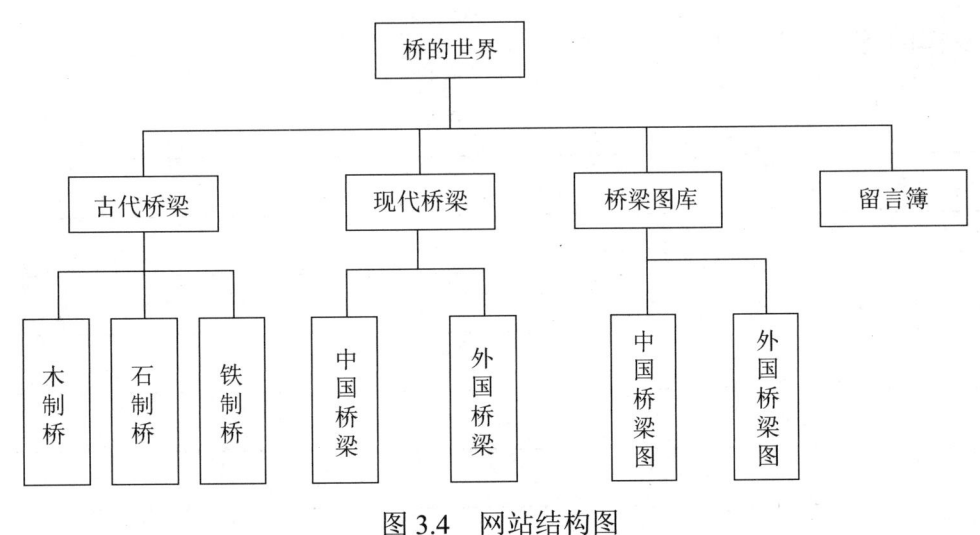

图 3.4　网站结构图

3. 参照规划的网站信息，在 Internet 上搜索关于桥梁的图像、文字等内容并下载到"网站素材"文件夹中，为制作网站做好准备，如图 3.5 所示。注意：在网络上下载图像和文字时要注意版权保护问题。

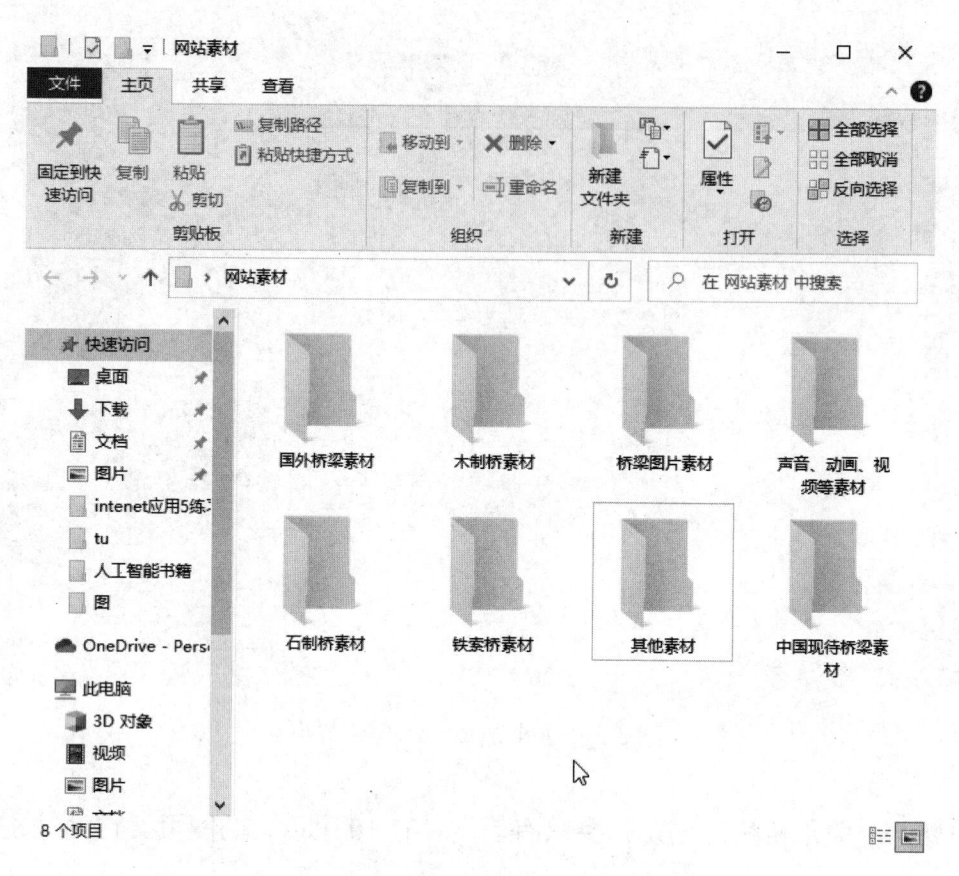

图 3.5 "网站素材"文件夹

其他操作内容

_____
_____
_____
_____
_____
_____
_____
_____

五、实验操作总结

_____
_____
_____
_____
_____

上机实验操作 3.1.3　建立一个网站

根据上机实验操作内容，完成实验操作报告。

一、实验操作目的

_____
_____

二、实验操作环境

硬件环境（设备型号）：_____
软件环境（软件名称）：_____

三、实验操作准备

_____
_____

四、实验操作内容

1. 建立网站。单击"站点"按钮，在弹出的菜单中选择"新建站点"选项，如图 3.6 所示，打开"站点设置对象"对话框。然后按照向导指引建立一个名为"桥的世界"的网站，保存到 C 盘的"my web"文件夹中。

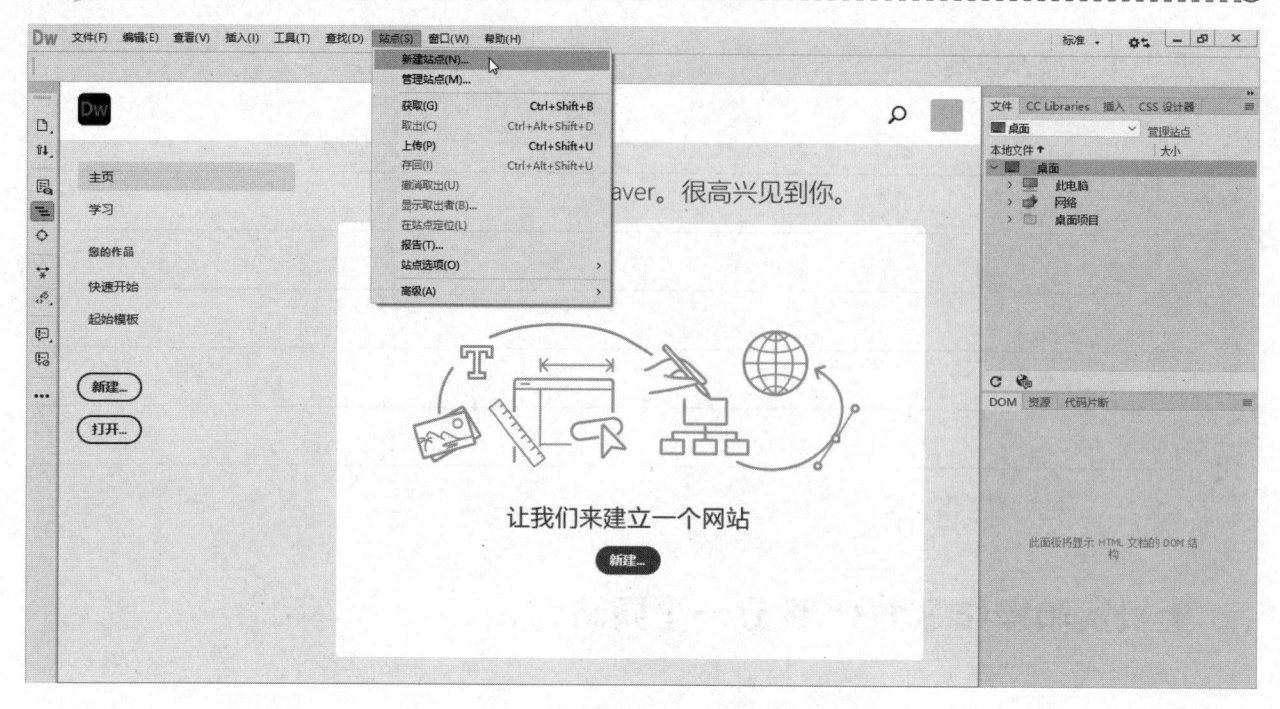

图 3.6 "新建站点"选项

2．建立一个网页。右击站点名称，在弹出的快捷菜单中选择"新建文件"选项，如图 3.7 所示，建立一个名为"untitled.html"的网页，并将其改名为"index.html"。

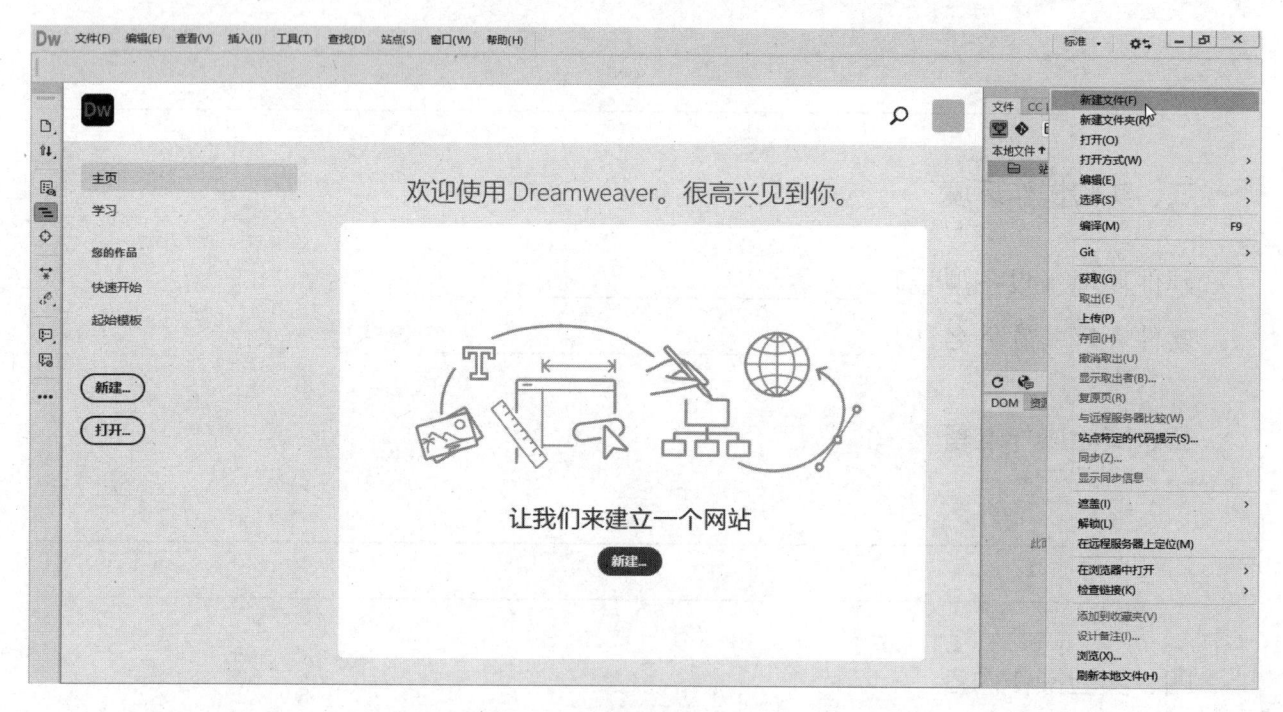

图 3.7 "新建文件"选项

3．建立网站中的所有网页。重复上一步的操作，按照网站结构图，依次建立所有网页，网页文件的名称根据内容拟定，如"gudai.html""xiandai.html""liuyanbu.html"等。

4. 更改网页标题。依次打开每个网页，在"属性"面板中将网页默认的文档标题"无标题文档"删除，输入拟好的网页标题，网页标题应该与网页内容相一致。"属性"面板如图 3.8 所示。

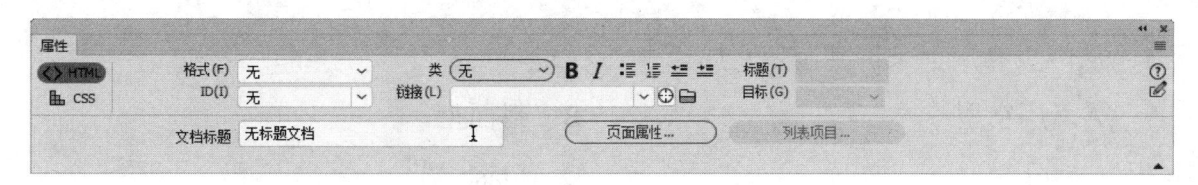

图 3.8 "属性"面板

其他操作内容

五、实验操作总结

3.2 设计网页的布局

1. 从网页布局上来讲，淘宝网属于（　　）。
   A．厂字型　　　　　　　　　B．封面型
   C．分栏型　　　　　　　　　D．Flash 型
2. 网页布局要注意平衡性、对称性、对比性、疏密度、（　）、（　）和（　）等。
   A．反复性　　　　　　　　　B．韵律感
   C．留白性　　　　　　　　　D．颜色搭配
3. 在 Dreamweaver 中使用表格，下列叙述正确的是（　　）。
   A．只能用于网页布局　　　　B．表格框线的粗细不可以调节
   C．可以使用背景图　　　　　D．不能拆分和合并单元格
4. （　　）可以隐藏表格的框线。
   A．将框线颜色改为白色　　　B．将表格框线的粗细设置为 0
   C．将表格框线改为虚线　　　D．合并单元格

上机实验操作 3.2.1　确定网页布局，制作网页布局表格

根据上机实验操作内容，完成实验操作报告。

一、实验操作目的

_____
_____

二、实验操作环境

硬件环境（设备型号）：_____
软件环境（软件名称）：_____

三、实验操作准备

_____

_____

四、实验操作内容

1．为"桥的世界"的首页确定网页结构图，如图3.9所示。

2．插入表格。打开网页文件"index.html"，确定鼠标指针的位置，单击"插入"按钮，在弹出的菜单中选择"Table"选项，打开"Table"对话框，在"行数"文本框中输入"3"，在"列"文本框中输入"2"，单击"确定"按钮，如图3.10所示。

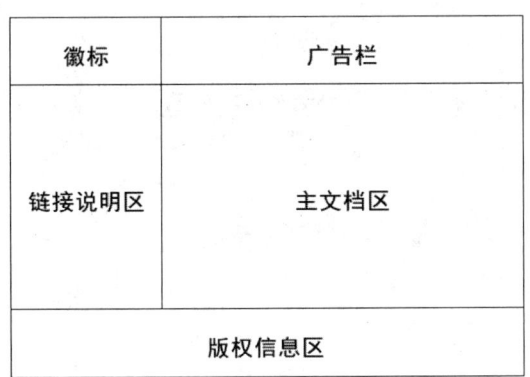

图3.9　网页结构图　　　　图3.10　"Table"对话框

3．将鼠标指针移动到框线上，当鼠标指针变成 ↔ 时，可以按住鼠标左键拖动鼠标来调整表格的行高和列宽。调整行高如图3.11所示。

4．根据需要，可以调整表格的结构。插入行或列如图3.12所示，合并单元格如图3.13所示，拆分单元格如图3.14所示。

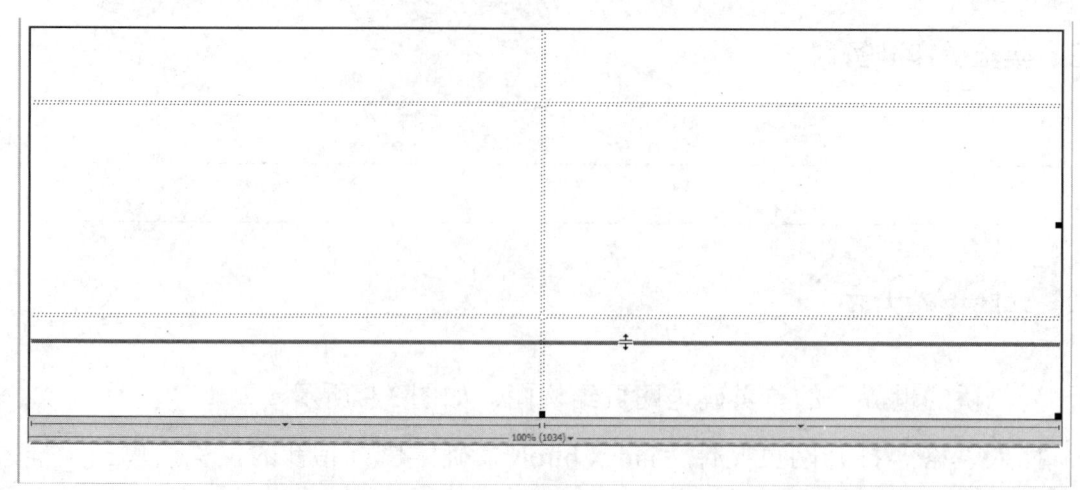

图 3.11　调整行高

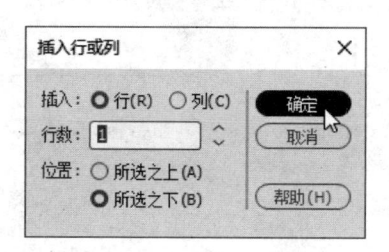

图 3.12　插入行或列

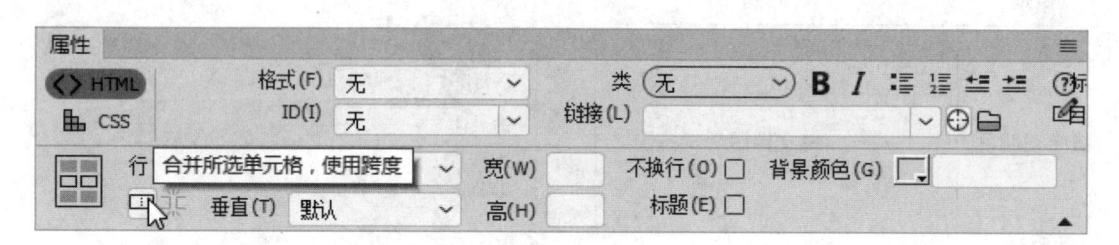

图 3.13　合并单元格

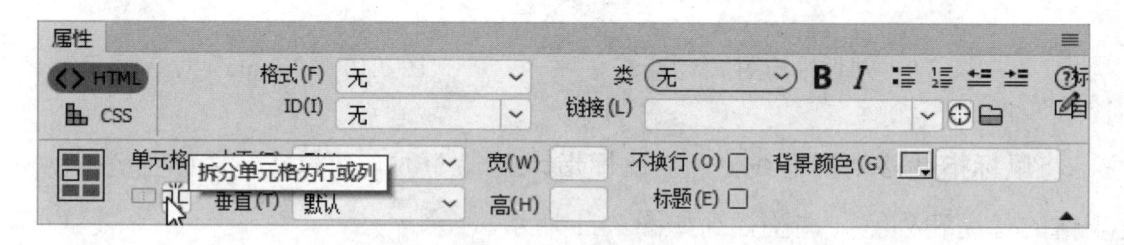

图 3.14　拆分单元格

5. 将鼠标指针移到表格的外框线上，当鼠标指针变成✥时，单击，可以选中整个表格。在"属性"面板中更改表格外框线的宽度为 0 以隐藏表格的外框线，如图 3.15 所示。

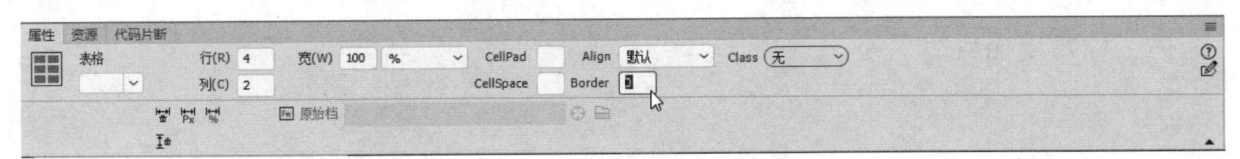

图 3.15　更改表格外框线的宽度为 0

6. 单击"文件"按钮，在弹出的菜单中选择"保存"选项，保存网页，退出 Dreamweaver。

其他操作内容

如图 3.16 所示为四种网页布局，可以作为网页布局的参考。

图 3.16　四种网页布局

五、实验操作总结

_____
_____
_____
_____
_____
_____
_____

3.3 使用文字与图像

1. 打开"属性"面板的快捷键是（　　）。

    A．按【Ctrl+F3】组合键　　　　B．按【Ctrl+F4】组合键

    C．按【Shift+F3】组合键　　　　D．按【Alt+F3】组合键

2. 在 Dreamweaver 中文版中设置中文字体（　　）。

    A．只能设置为宋体

    B．必须从网络上下载并安装相关字体库

    C．通过编辑字体列表可以使用多种中文字体

    D．在字体列表中默认有多种中文字体

3. （多选题）对于表格属性，"CellPad"和"CellSpace"的区别是（　　）。

    A．CellPad 指表格中文字与框线的距离

    B．CellSpace 指表格中文字与框线的距离

    C．CellPad 指表格中单元格与单元格的距离

    D．CellSpace 指表格中单元格与单元格的距离

4. Dreamweaver 中空格的代码是（　　）。

    A． 　　　　　　　　　　B．

    C．nbsp;　　　　　　　　　　　D．nbsp

5. 在 Dreamweaver 中设置文本的首行缩进（　　）。

   A．按两次【Spacebar】键即可

   B．拖动首行缩进按钮即可

   C．在代码编辑区相关位置输入两个" "代码即可

   D．不能实现

6. 用键盘操作换行时，要实现正常的间距应使用（　　）。

   A．【Alt+Enter】组合键　　　　B．【Enter】键

   C．【Ctrl+P】组合键　　　　　D．【Shift+Enter】组合键

7. 关于水平线（　　）。

   A．只能是黑色

   B．可以设置阴影效果

   C．长度必须占满整个屏幕

   D．一个网页只能插入一条水平线

8. 关于图像格式，正确说法是（　　）。

   A．GIF 文件一般比 JPG 文件更清晰，色彩更饱满

   B．JPG 文件可以是动画文件

   C．GIF 因为体积太大，一般不用于网页背景

   D．BMP 文件因为体积太大，在网页制作中一般不使用

9. 在网页中使用的图像（　　）。

   A．必须是网站内的图像

   B．使用背景色时，背景图像被掩盖

   C．图像必须保存到"images"文件夹内

   D．可以是动画，也可以是静态图像

上机实验操作 3.3.1　在网页中输入文本

根据上机实验操作内容，完成实验操作报告。

一、实验操作目的

_____

_____

二、实验操作环境

硬件环境（设备型号）：_____

软件环境（软件名称）：_____

三、实验操作准备

_____

_____

四、实验操作内容

1. 输入文字。打开"index.html"网页，在右上角的单元格中输入"桥的世界"几个字。

2. 将"仿宋"加入到"字体列表"中。单击"字体"右侧的"默认字体"按钮，在"字体"菜单中选择"管理字体"选项，如图3.17所示。在"管理字体"对话框中单击"自定义字体堆栈"选项卡，从右侧的"可用字体"列表中选择"仿宋"，单击按钮 «，字体将会出现在左侧"选择的字体"栏中，如图3.18所示。

图3.17 "管理字体"选项

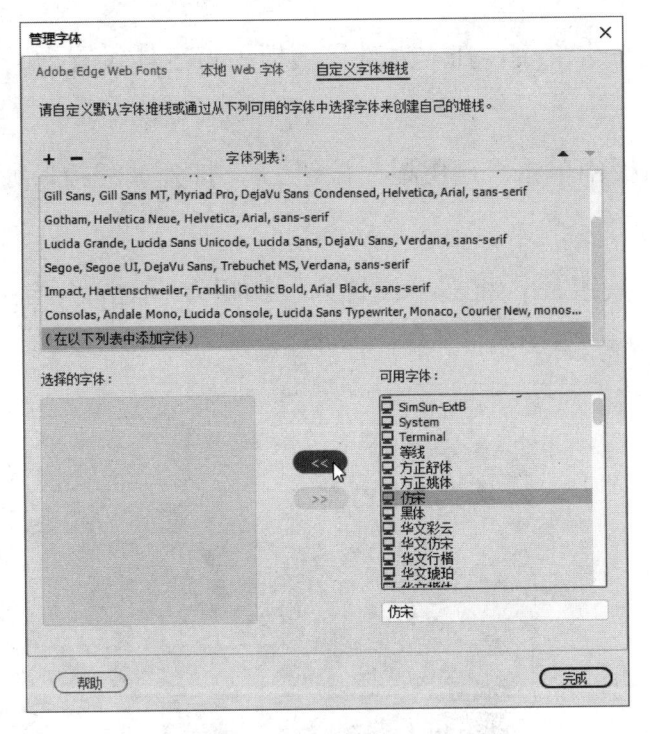

图 3.18 "管理字体"对话框

3. 重复以上操作,将"宋体""黑体""隶书""楷体""幼圆"等字体都添加到字体列表中,添加多种字体,如图 3.19 所示。

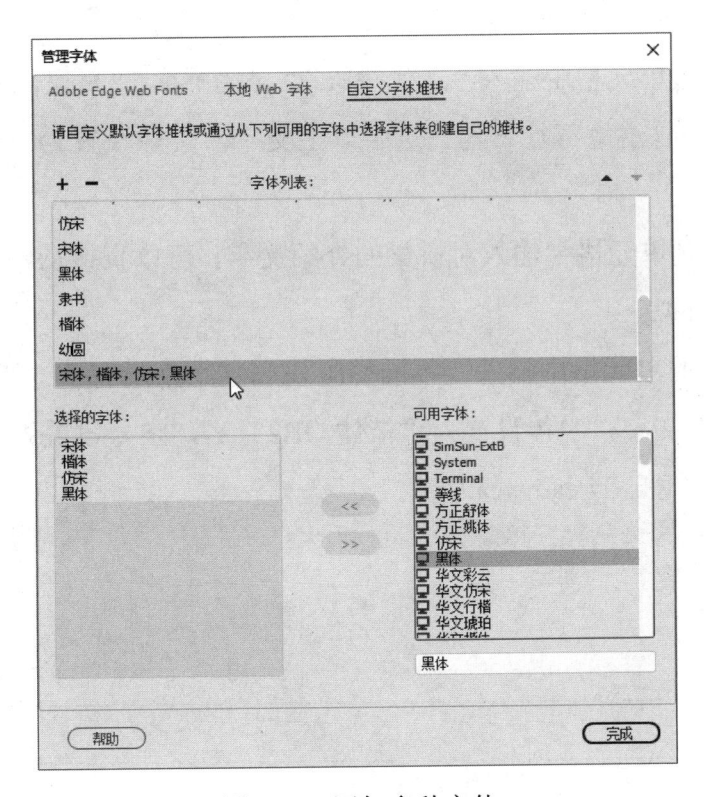

图 3.19 添加多种字体

4．选中"桥的世界"文字，在"属性"面板中将字体设置为"黑体"，将字号设置为"特大"。

5．在"属性"面板中单击"调色板"按钮，打开调色板，如图3.20所示，选择褐色，将文字设为褐色。

6．单击"加粗"按钮，将文字设置为"加粗"；单击"居中"按钮，将文字设置为"居中"。

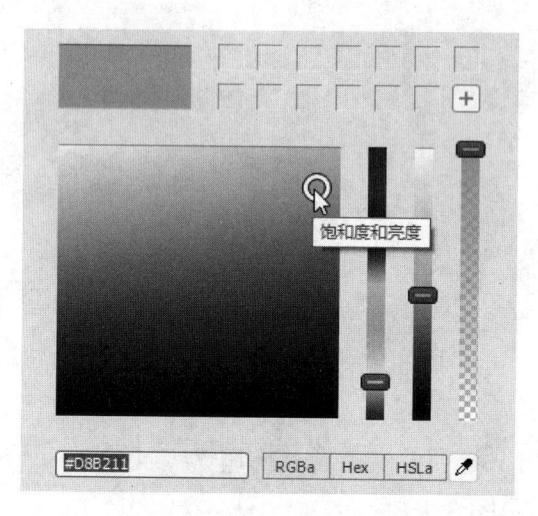

图 3.20　调色板

7．在第二行左边单元格中输入"古代桥梁""现代桥梁""桥梁图库""给我来信""留言簿"等文字，输入时注意每行一句。选中以上文字，字体设置为"黑体"，字号设置为"中"，居中显示。

8．在第二行右侧单元格中输入对桥梁的介绍文字，可以直接从网站素材中复制粘贴。文字的字体和字号自拟。

9．在网页底部的单元格中输入"本网站版权归某某某所有"的版权信息，以及电子邮件地址。选中以上文字，字体设置为"楷体 GB2312"，字号设置为"小"，居中显示。

10．保存网页，退出 Dreamweaver。

其他操作内容

五、实验操作总结

上机实验操作 3.3.2　在网页中插入图像

根据上机实验操作内容，完成实验操作报告。

一、实验操作目的

二、实验操作环境

硬件环境（设备型号）：_____

软件环境（软件名称）：_____

三、实验操作准备

四、实验操作内容

1. 单击"插入"按钮，在弹出的菜单中选择"Image"选项，打开"选择图像源文件"对话框，如图 3.21 所示，找到网站素材文件夹下的图像，单击"确定"按钮，将图像插入网页。

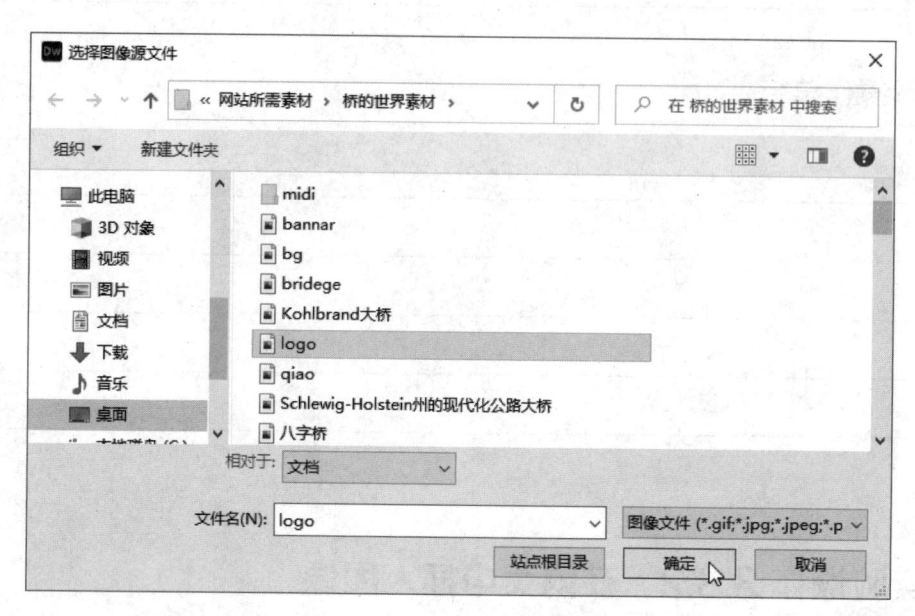

图 3.21 "选择图像源文件"对话框

2. 单击图像，图像被一个黑框框住，同时出现 3 个小的实心黑框。将鼠标指针移动到图像右下角，当鼠标指针变成↔时，拖动鼠标，可以调整图像的大小，如图 3.22 所示。

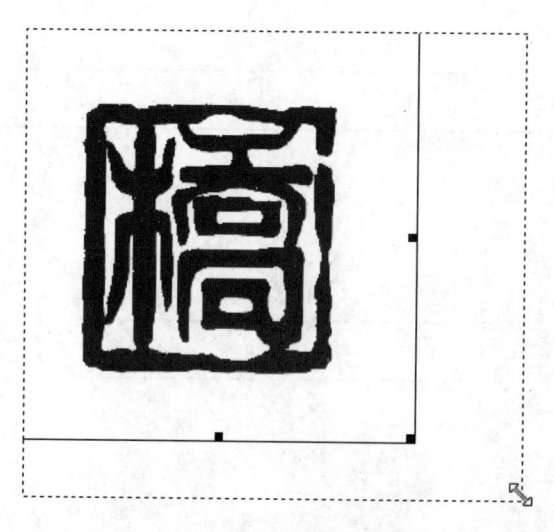

图 3.22 调整图像大小

3．确保鼠标指针在表格外，此时的"属性"面板显示的是整个网页的属性设置项。在"属性"面板中单击"页面属性"按钮，在打开的"页面属性"对话框中选择"外观"选项。在右侧单击"背景颜色"右边的"调色板"按钮，在打开的调色板中选择一种背景颜色，将网页背景设置成该颜色，如图 3.23 所示。

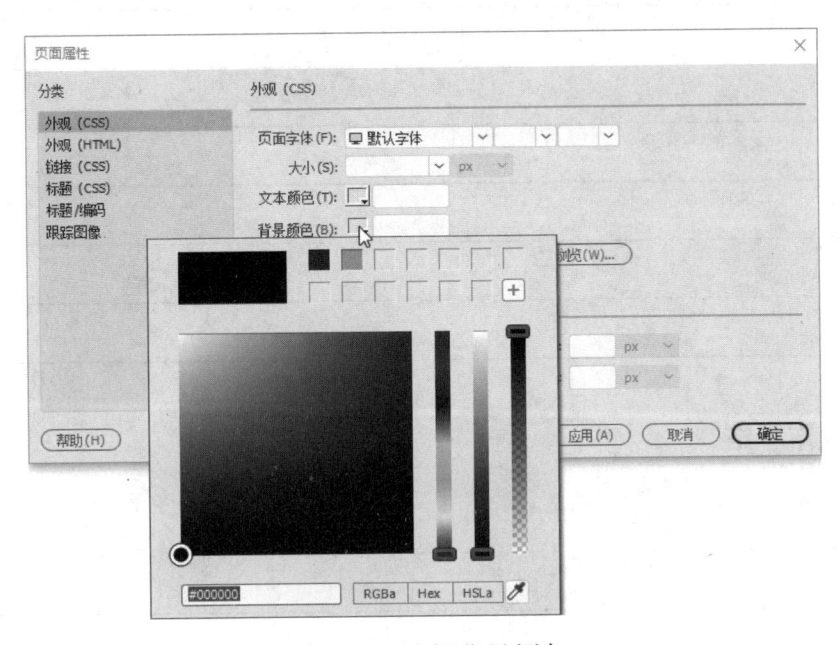

图 3.23　选择背景颜色

4．在"页面属性"对话框中，单击"背景图像"栏右边的"浏览"按钮，在打开的"选择图像源文件"对话框中找到存放图像的文件夹，选择要做背景的图像，单击"确定"按钮，将该图像设置为背景图像，如图 3.24 所示。

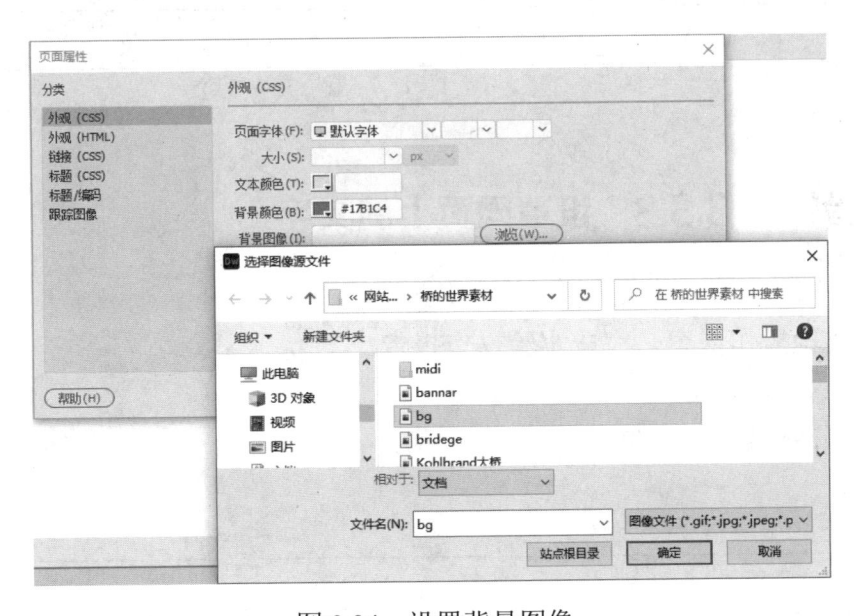

图 3.24　设置背景图像

5. 保存网页，退出 Dreamweaver。

其他操作内容

_____
_____
_____
_____
_____
_____

五、实验操作总结

_____
_____
_____
_____
_____
_____
_____
_____

上机实验操作 3.3.3　设置网页上的文字

根据上机实验操作内容，完成实验操作报告。

一、实验操作目的

_____
_____

二、实验操作环境

硬件环境（设备型号）：_____

软件环境（软件名称）：_____

三、实验操作准备

_____

_____

四、实验操作内容

1. 将"index.html"网页的表格布局作为模板，应用到其他网页中。

2. 设置段首文字空两个格。单击"拆分"按钮，切换到"代码视图/设计视图"模式。找到需要段首缩进的文字，在文字前的代码区域插入" "（不包括双引号）代码，如图3.25所示。

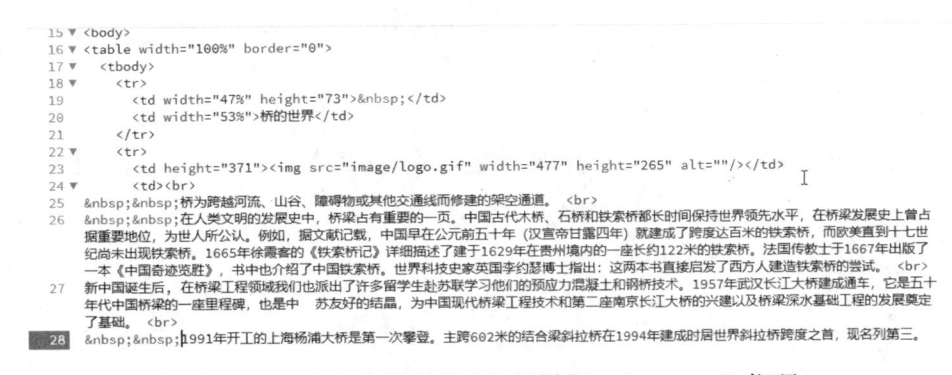

图3.25 在文字前的代码区域插入" "代码

3. 设置文字与表格框线的距离。选中整个表格，将"属性"面板中的"CellPad"（补白）值设置为"10"，则表格中的文字与表格框线的距离变成10像素；将"CellSpace"（间距）值设置为"5"，则各个单元格间的距离都变成5像素，"属性"面板如图3.26所示。

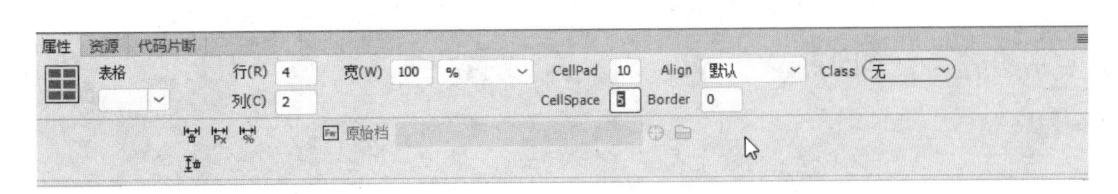

图3.26 "属性"面板

4. 设置文本对齐方式，注意网页底部的版权信息不能使用居中，要使用"内缩区块"，如图 3.27 所示。

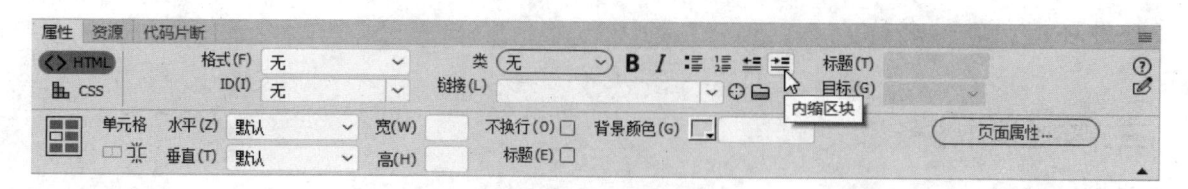

图 3.27　内缩区块

5. 插入水平线。单击菜单栏上的"插入"按钮，选择"水平线"选项，插入水平线。选取水平线，在"属性"面板可以设置水平线的宽度和高度，以及设置水平线在网页中的水平对齐方式，如图 3.28 所示。

图 3.28　设置水平线

6. 设置水平线的颜色。选中水平线，单击"代码"按钮，在代码视图中水平线的部分输入"color="yellow""，表示设置水平线的颜色是黄色，如图 3.29 所示。

```
15 ▼ <body>
16 ▼ <table width="100%" border="0" cellpadding="10" cellspacing="5">
17 ▼   <tbody>
18 ▼     <tr>
19           <td width="47%" height="73"> </td>
20           <td width="53%">
21 ▼         <hr align="center" width="60%" size="2" color="yellow"></td>
22         </tr>
23 ▼     <tr>
24           <td height="371"><img src="image/logo.gif" width="477" height="265" alt=""/>
             </td>
25 ▼         <td><br>
```

图 3.29　设置水平线颜色

7. 使用以上的方法，在网站上的其他网页中进行设置字体、插入图像、设置背景等操作，完成设置后保存网页。

其他操作内容

_____
_____
_____
_____
_____
_____
_____

五、实验操作总结

_____
_____
_____
_____
_____
_____
_____
_____
_____

3.4 创建超链接

1. 按照链接的范围，超链接可分为（　　　）。

    A．内部超链接、外部超链接和锚记超链接

    B．站内超链接、锚记超链接和书签

    C．内部超链接、外部超链接和因特网超链接

D．锚记超链接、因特网超链接和书签

2．网页的热区文本是指（　　）。

　　A．比其他文本温度高的文本

　　B．比其他文本显示的次数多

　　C．在浏览器中单击会打开超链接的文本

　　D．指设置成红色的文本

3．（多选题）打开"属性"面板的方法有（　　）。

　　A．单击"窗口"按钮，在弹出的菜单中选择"属性"选项

　　B．单击"站点"按钮，在弹出的菜单中选择"属性"选项

　　C．按【Ctrl+F3】快捷键

　　D．按【Ctrl+F4】快捷键

4．直接输入（　　）可以建立电子邮件的超链接。

　　A．mail:电子邮件地址

　　B．Email:电子邮件地址

　　C．mailto:电子邮件地址

　　D．Emailto:电子邮件地址

5．书签是指（　　）。

　　A．用手写板在网页上作的标记

　　B．用鼠标在网页上作的标记

　　C．网页中某个具体位置的超链接

　　D．在代码编辑区输入"&nbsb;"

上机实验操作 3.4.1　建立文本超链接

根据上机实验操作内容，完成实验操作报告。

一、实验操作目的

_____

_____

二、实验操作环境

硬件环境（设备型号）：_____

软件环境（软件名称）：_____

三、实验操作准备

_____

_____

四、实验操作内容

1．为"古代桥梁"建立超链接。打开"index.html"网页，选中"古代桥梁"文字，单击"属性"面板中的"浏览文件"按钮，打开"选择文件"对话框。在"选择文件"对话框中，选择"古代桥梁"对应的网页，如"gudai.html"，单击"确定"按钮。

2．验证"古代桥梁"超链接。在浏览器中预览网页，移动鼠标指针到"古代桥梁"上，鼠标指针变成手指指针时，单击，可以验证"古代桥梁"对应的网页是否能被打开。

3．将主页上的"现代桥梁"文字与"xiandai.html"网页链接起来，"桥梁图库"与"tuku.html"网页链接起来，"留言簿"与"liuyanbu.html"网页链接起来。

4．建立电子邮件超链接。选中"给我写信"文字，单击"插入"按钮，在弹出的菜单中选择"HTML"→"电子邮件链接"选项，弹出"电子邮件链接"对话框，在"电子邮件"文本框中输入 qiao2023@163.com，单击"确定"按钮，如图 3.30 所示。

图 3.30 "电子邮件链接"对话框

5．在浏览器中预览网页。单击"给我写信"文字，电子邮件自动被打开，同时收件人姓名自动出现在"新邮件"窗口中。如果发生错误，可以返回 Dreamweaver 进行修改。

6．在网页左下方合适的位置输入"推荐网站：网易、百度、新浪、腾讯"几个字。

选中"网易"两个字,在"属性"面板中的"链接"栏右边的文本框中输入"网易"的网址,如图 3.31 所示。

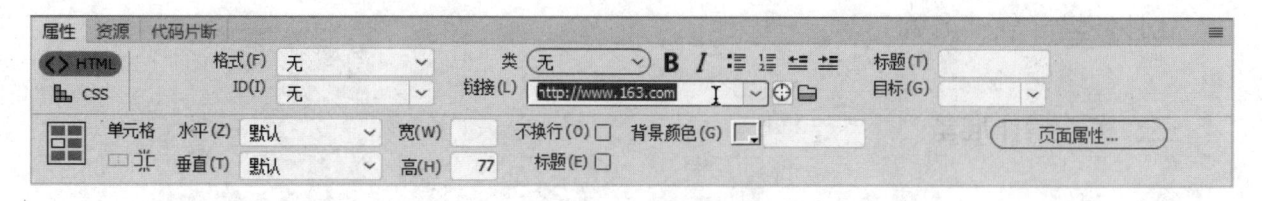

图 3.31 输入网址

7.重复以上的操作,为"百度""新浪""腾讯"建立超链接。

8.分别打开"古代桥梁""现代桥梁""桥梁图库""留言簿"等网页,建立相应的超链接。注意:在这些网页中要输入"首页"两个字,并与网页"index.html"链接起来。

9.在网页"古代桥梁"中输入"木制桥""石制桥""铁索桥"等文字,然后通过超链接将它们与网页"木制桥""石制桥""铁索桥"等链接起来。

10.在网页"现代桥梁"中输入"中国桥梁""外国桥梁"等文字,然后通过超链接将它们与网页"中国桥梁""外国桥梁"链接起来。

11.在网页"桥梁图库"中输入"中国桥梁图""外国桥梁图"等文字,然后通过超链接将它们与网页"中国桥梁图""外国桥梁图"链接起来。

12.在浏览器中打开网页。通过单击热区文字,将相应建立超链接的网页逐一打开,如果发现错误,返回 Dreamweaver 进行修改。最后保存网页并退出 Dreamweaver。

其他操作内容

_____

_____

_____

_____

_____

_____

五、实验操作总结

_____
_____
_____
_____
_____
_____

上机实验操作 3.4.2　建立图像超链接

根据上机实验操作内容，完成实验操作报告。

一、实验操作目的

_____
_____

二、实验操作环境

硬件环境（设备型号）：_____

软件环境（软件名称）：_____

三、实验操作准备

_____
_____

四、实验操作内容

1. 打开网页"index.html"，在网页左端插入一幅显示信件收发过程的动画图像。

2．选中主页左端的电子邮件图像，在"属性"面板的"链接"文本框中输入"mailto:qiao2023@163.com"，这样就为图像文件建立了与电子邮件的超链接。设置电子邮件超链接，如图3.32所示。

图3.32　设置电子邮件超链接

3．选中网页顶部的整个图像，单击"属性"面板中的"矩形热点工具"按钮，在图像上拖动鼠标指针，画一个虚框将一幅含有古代桥梁的图像框起来，可以发现被选中的区域变虚，如图3.33所示。

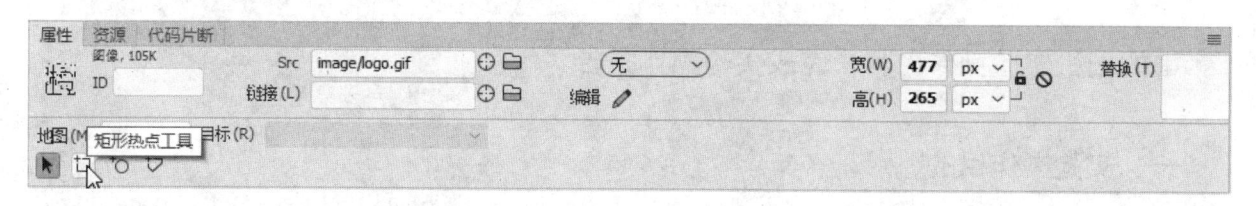

图3.33　"矩形热点工具"按钮

4．单击"属性"面板中的"浏览文件"按钮，打开"选择文件"对话框，从中选择"gudai.html"网页，单击"确定"按钮，为图像所占的区域建立超链接。

5．用同样的方法，从图中选择一幅含有现代桥梁的图像，将它设定为图像热区，与网页"现代桥梁"链接起来建立超链接。

6．在浏览器中预览每个建立图像超链接的网页，依次检查超链接的正确性，对不正确的地方进行修改，直到没有错误为止。

7．保存网页，退出 Dreamweaver。

其他操作内容

_____
_____
_____
_____

五、实验操作总结

上机实验操作 3.4.3　建立网页书签（锚记超链接）

根据上机实验操作内容，完成实验操作报告。

一、实验操作目的

二、实验操作环境

硬件环境（设备型号）：_____

软件环境（软件名称）：_____

三、实验操作准备

_____

_____

四、实验操作内容

1．输入书签热区文字。打开"中国桥梁图"网页，调整图像的位置，将这些图像分为：木制桥、石制桥、铁索桥、跨江大桥、跨海大桥等，依次展现在网页中。然后在网页顶端输入"木制桥""石制桥""铁索桥""跨江大桥""跨海大桥"等文字。

2．为"木制桥"命名锚记。拖动滚动条，选中网页中的"木制桥"文字，在"属性"面板中输入"木制桥"作为锚记 ID 名称，此后若发现状态栏出现了"#木制桥"的字样，则表明命名锚记标记设置成功，如图 3.34 所示。

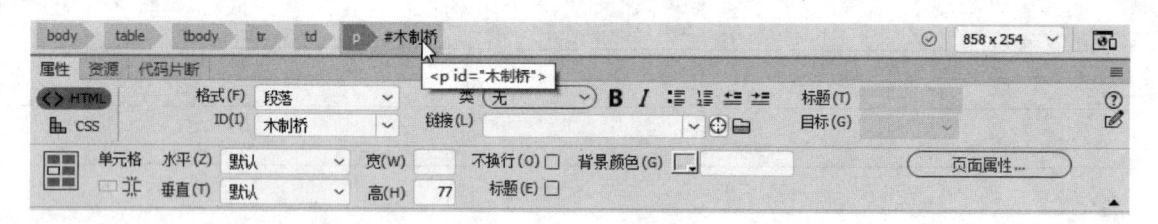

图 3.34 命名锚记

3．拖动滚动条到网页顶端，选中网页顶端的"木制桥"几个字，在"属性"面板的"链接"文本框中输入"#木制桥"。松开鼠标，网页顶端的"木制桥"几个字变成蓝色并带有下画线，"木制桥"书签制作完成。

4．在浏览器中预览网页。单击网页顶端的"木制桥"锚记标记所在位置，网页中"#木制桥"所在的位置出现在浏览器窗口顶端。

5．用同样的方法为石制桥、铁索桥、跨江大桥、跨海大桥等图像建立锚记超链接，并在浏览器中预览网页，以检查锚记超链接的正确性。

6．保存网页，退出 Dreamweaver。

其他操作内容

_____

_____

五、实验操作总结

3.5 使 用 样 式

1. 关于样式表，下列说法不正确的是（   ）。

   A．样式表指文字的字体和字号等样子，在 Word 也可以实现

   B．浏览者只有安装相应样式表，才能显示相应样式

   C．样式表有 HTML 代码标签和 CSS 样式两种

   D．HTML 代码标签是指直接用 HTML 语言编辑网页时使用的样式

2. CSS 样式与 HTML 代码标签相比，有什么不同（   ）。

   A．CSS 样式比 HTML 代码标签功能更强大

   B．CSS 样式不能自定义添加

   C．CSS 样式是指多重风格样式表

D. 自定义的 CSS 样式不能导出外部样式文件，供其他网站编辑时使用

3. CSS 样式分为（　　）、（　　）和（　　）三类。

  A. 内联样式   B. 内部样式

  C. 外部样式   D. 外联样式

上机实验操作 3.5.1　使用 CSS 样式设置网页

根据上机实验操作内容，完成实验操作报告。

一、实验操作目的

_____

_____

二、实验操作环境

硬件环境（设备型号）：_____

软件环境（软件名称）：_____

三、实验操作准备

_____

_____

四、实验操作内容

1. 去掉超链接文字的下画线。打开网页，在"属性"面板中单击"页面属性"按钮，打开"页面属性"对话框，如图 3.35 所示。在"分类"列表中选择"链接（CSS）"选项，在"下画线样式"菜单中选择"始终无下画线"选项。单击"确定"按钮后，可以发现网页上的超链接热区中文字下的下画线已经消失。

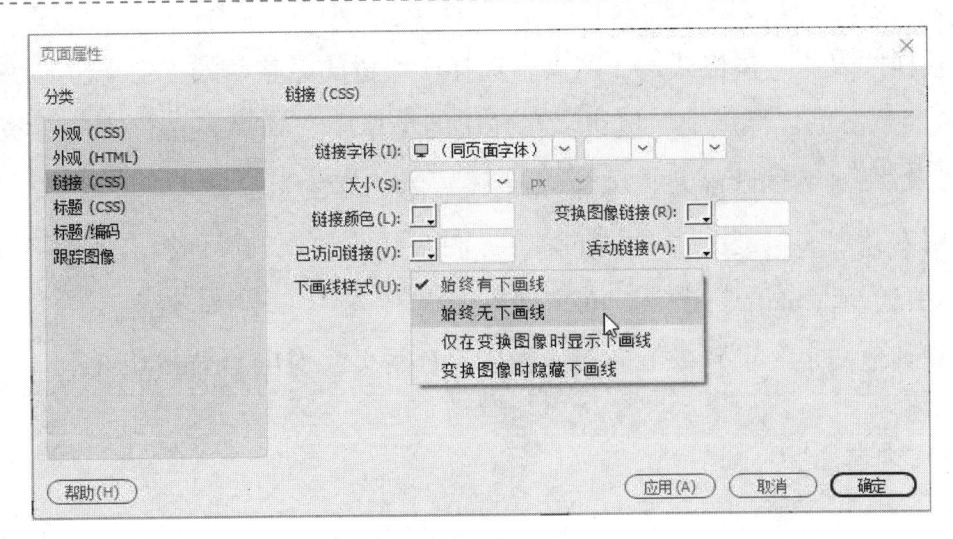

图 3.35 "页面属性"对话框

2. 命名一个 CSS 样式。打开网页，单击"窗口"按钮，在弹出的菜单中选择"CSS 设计器"选项，将"CSS 设计器"打开。在"CSS 设计器"中，单击"源"左侧的"+"按钮，在打开的菜单中选择"在页面中定义"，然后单击"选择器"左侧的"+"按钮，在打开的文本框中输入样式表名称，如图 3.36 所示。输入完毕，在网页任意位置单击，即可完成命名。

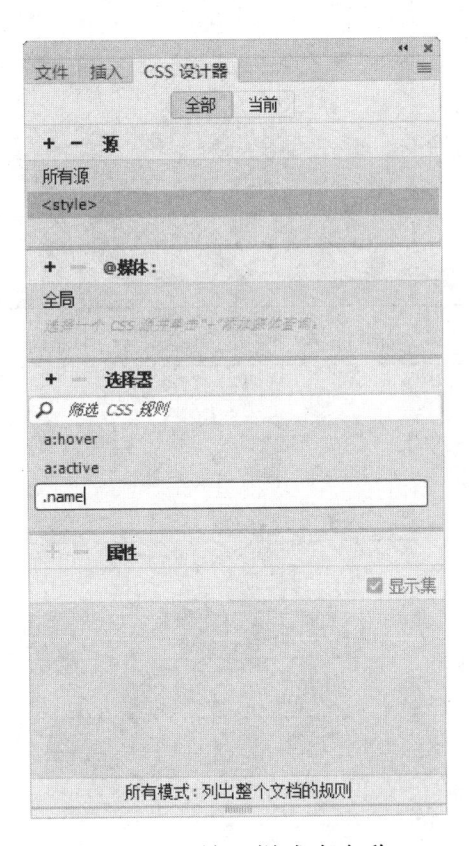

图 3.36 输入样式表名称

3. 设置样式表的具体格式。在网页中选择一座桥的名字，如"安平桥"，然后在"属性"面板中，单击"目标规则"按钮，在弹出的菜单中选择".name"选项，接下来将字体设置为"宋体"，字号设置为"14"，颜色设置为"红色"等样式。

4. 应用 CSS 样式。选中其他桥的名字，然后单击"属性"面板右侧的菜单按钮，在弹出的菜单中选择".name"选项，文字立刻变成宋体、14 号字、红色。

5. 选择其他文字，重复以上操作。最后保存网页，退出 Dreamweaver。

其他操作内容

五、实验操作总结

3.6 使用"行为"

1. "行为"中的事件不能是（　　）。
    A．移动鼠标　　　　　　　　　B．打开网页
    C．保存网页　　　　　　　　　D．关闭网页
2. "行为"中的动作不能是（　　）。
    A．弹出浏览器窗口　　　　　　B．播放声音
    C．设置 CSS 样式　　　　　　　D．检查用户浏览器
3. 在网页中添加的背景音乐最好是（　　）格式。
    A．WAV　　　　　　　　　　　B．MIDI
    C．MPEG　　　　　　　　　　　D．CD
4. 警告对话框可以采用（　　）的方法弹出。
    A．"行为"中的"弹出信息"　　　B．"行为"中的"弹出浏览器窗口"
    C．使用 CSS 样式　　　　　　　D．使用 HTML 代码标签
5. 利用"行为"弹出的浏览器窗口（　　）。
    A．大小可以提前设置　　　　　B．必须使用与主页相同的背景
    C．不能呈现工具栏　　　　　　D．不显示滚动条

上机实验操作 3.6.1　使用"行为"交换图像

根据上机实验操作内容，完成实验操作报告。

一、实验操作目的

_____
_____

二、实验操作环境

硬件环境（设备型号）：_____

软件环境（软件名称）：_____

三、实验操作准备

_____

_____

四、实验操作内容

1．准备在网页中进行交换的两幅图像。选中网页右上角的一幅图像，在"属性"面板的 ID 栏中输入"Image1"作为它的 ID。图像"Image1"为进行交换图像的第一幅图像，然后准备一幅和"Image1"大小一样的图像作为交换图像的第二幅图像。

2．设置交换图像。选中网页右上角的图像，也就是 ID 为"Image1"的图像。然后单击"行为"面板上的"+"按钮，在弹出的菜单中选择"交换图像"选项，打开"交换图像"对话框，单击"浏览"按钮。在"选择图像源文件"对话框中，选中事先准备好的第二幅图像，单击"确定"按钮。

3．在返回的"交换图像"对话框中勾选"预先载入图像""鼠标滑开时恢复图像"复选框。单击"确定"按钮，完成设置，如图 3.37 所示。

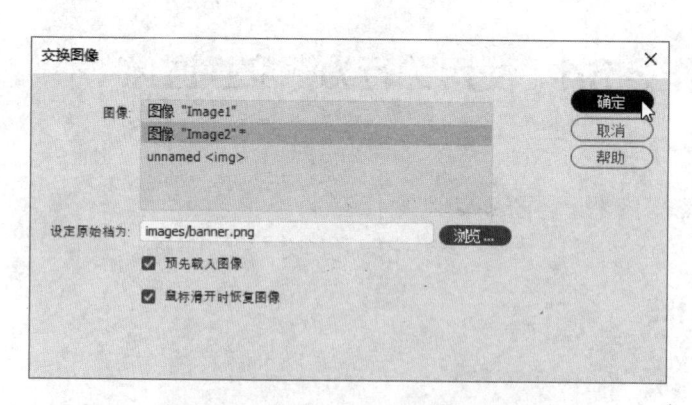

图 3.37 "交换图像"对话框

4．在浏览器中预览网页，检查交换图像效果。

5．保存网页。

其他操作内容

五、实验操作总结

上机实验操作 3.6.2　使用"行为"弹出对话框

根据上机实验操作内容，完成实验操作报告。

一、实验操作目的

二、实验操作环境

硬件环境（设备型号）：_____

软件环境（软件名称）：_____

三、实验操作准备

_____

_____

四、实验操作内容

1. 打开网页文件"index.html"，单击窗口左下角的"body"按钮，并在"行为"选项卡中单击"+"按钮，在打开的菜单中选择"弹出信息"选项，打开"弹出信息"对话框，在对话框中输入要显示的信息，然后单击"确定"按钮，如图3.38所示。

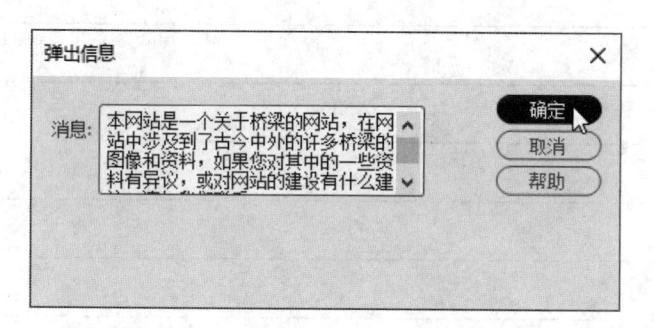

图3.38 "弹出信息"对话框

2. 切换到"实时视图"，验证"弹出信息"的效果。

3. 采用"调用JavaScript"行为弹出信息。打开网页"index.html"，单击窗口左下角的"body"按钮，并在"行为"选项卡中单击"+"按钮，在打开的菜单中选择"调用JavaScript"选项，在"调用JavaScript"对话框中输入"alert（'本网站是一个关于桥梁的网站，在网站中涉及了古今中外的许多桥梁的图像和资料，如果您对其中的一些资料有异议，或对网站的建设有什么建议，请与我们联系。'）"，单击"确定"按钮，如图3.39所示。

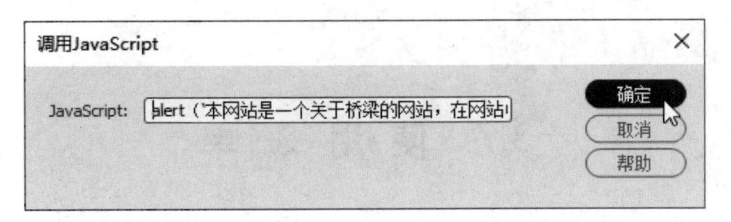

图 3.39 "调用 JavaScript"对话框

4．切换到"实时视图"，验证"调用 JavaScript"的效果。

其他操作内容

五、实验操作总结

3.7 使用表单

1. 关于表单，下列说法正确的是（　　）。

    A．表单就是表格的一种

    B．表单用来收集站点访问者信息的域集

    C．表单可以通过表格和行为来实现

    D．采用表单的网页扩展名必须为 HTML

2. 单行文本（　　）。

    A．可以更改字符宽度

    B．只能输入一行文本，不能改为多行文本输入框

    C．不能确定初始值

    D．字符宽度与最大字符数必须相等

3. 单选按钮（　　）。

    A．在一个网页中只能使用一组　　B．不能设置初始状态

    C．同时只能使用两个　　　　　　D．在同一个表单域中只能使用一组

4. 下拉列表（　　）。

    A．有菜单、列表两种形式

    B．先输入哪个项目值，哪个项目值就作为列表初始值

    C．最多可以输入 30 个项目值

    D．不能设置初始值

5. 表单中按钮共有 3 种，即（　　）。

    A．提交按钮、Flash 按钮、交换按钮

    B．提交按钮、重置按钮、普通按钮

    C．Flash 按钮、重置按钮、普通按钮

    D．提交按钮、重置按钮、普通按钮

6. 以下（　　）在检查表单时不能验证。

    A．电子邮件地址的格式　　　　　B．电子邮件地址的真实性

    C．必需项目是否为空　　　　　　D．电话号码框中是否输入字母

上机实验操作 3.7.1　制作留言簿

根据上机实验操作内容，完成实验操作报告。

一、实验操作目的

_____
_____

二、实验操作环境

硬件环境（设备型号）：_____

软件环境（软件名称）：_____

三、实验操作准备

_____
_____

四、实验操作内容

1．在"桥的世界"网站中打开"liuyanbu.html"网页，单击"插入"按钮，在弹出的菜单中选择"表单"→"表单"选项，此时网页中出现一个红色的虚线框，即表单域。

2．在虚线框中输入"请输入您的昵称："，然后单击"插入"按钮，在弹出的菜单中选择"表单"→"文本"选项，可以发现在文字后面出现一个文本框。选中插入的文本框，在"属性"面板中更改"字符宽度"为20，这样允许浏览者输入的昵称长度为20个字符，即10个汉字。更改文本框属性如图3.40所示。

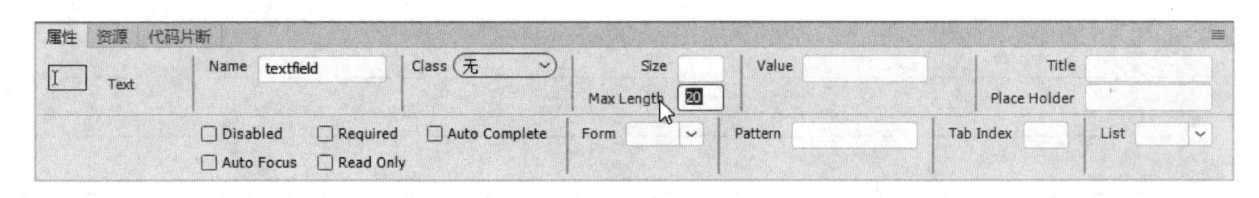

图 3.40　更改文本框属性

3．使用同样的方法输入"电子邮件地址："及一个单行文本框，更改"字符宽度"为20。

4．在表单域中另起一行，输入"留言内容："，然后单击"插入"菜单中"表单"选项下的"文本区域"选项，可以发现在文字后面出现一个文本框。

5．选中文本区域框，在"属性"面板中，更改"Rows"为10，"Cols"为50，"Value"为"请在此处留言："，如图3.41所示。

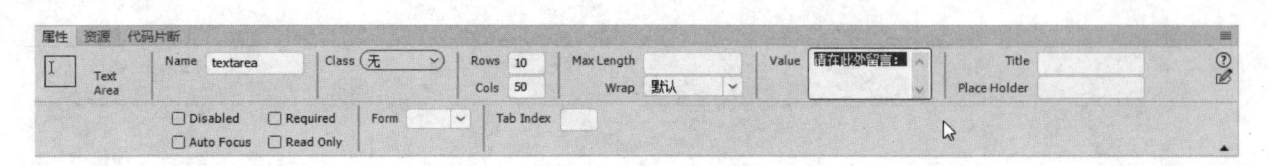

图3.41　更改文本区域框属性

6．单击文本框右边空白区域，按【Enter】键回行。单击"插入"按钮，在弹出的菜单中选择"表单"→"按钮"选项，可以发现在文本框下面出现一个按钮。在"属性"面板的标签栏中输入"写完了"，选择"动作"为"提交表单"。

7．重复上面的操作，再插入一个按钮，选中第二个按钮，在"属性"面板的标签栏中输入"重写"，选择"动作"为"重设表单"。

8．在"实时视图"中浏览网页，保存网页。

其他操作内容

_____
_____
_____
_____
_____
_____
_____
_____
_____

五、实验操作总结

_____
_____
_____
_____
_____
_____
_____
_____
_____

上机实验操作 3.7.2　提交表单内容

根据上机实验操作内容，完成实验操作报告。

一、实验操作目的

_____
_____

二、实验操作环境

硬件环境（设备型号）：_____

软件环境（软件名称）：_____

三、实验操作准备

_____
_____

四、实验操作内容

1. 打开网页"liuyanbu.html",单击表单域的红色虚线,选中整个表单域。

2. 打开"属性"面板,在"Action"右边的文本框中输入"mailto:qiao2023@163.com",表示表单的内容将以电子邮件的形式发送给 qiao2023@163.com,如图 3.42 所示。

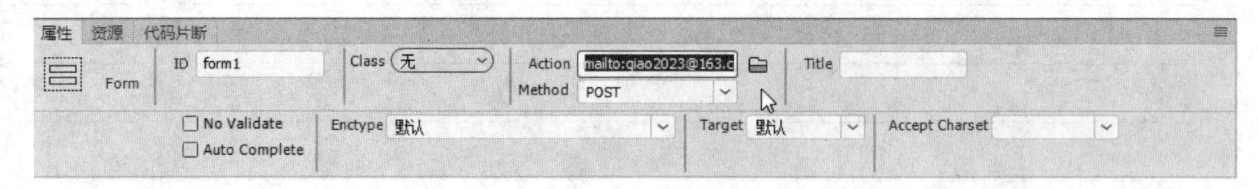

图 3.42 输入电子邮件地址

3. 预览网页,输入表单的内容并提交,验证表单设置效果。

4. 为表单元素确定 ID。选中需要输入"昵称"的文本框,在"属性"面板中更改"文本域"下面的名称为:name。选中"电子邮件地址"文本框,将"属性"面板中"文本域"下面的名称输入为:E-mail。选中"留言内容"多行文本框,将"属性"面板中"文本域"下面的名称输入为:liuyan。

5. 设置行为检查表单。选中任意一个表单对象,单击"设计"面板下"行为"选项卡中的"+"按钮,在弹出的菜单中选择"检查表单"选项。

6. 在打开的"检查表单"对话框中,选择"input "name" "选项,勾选"必需的"复选框,选中"任何东西"单选按钮。接着选择"input "textfield3"(RisEmail)"选项,勾选"必需的"复选框,选中"电子邮件地址"单选按钮,如图 3.43 所示。然后选择"textarea 'liuyan'"选项,勾选"必需的"复选框,选中"任何东西"单选按钮。单击"确定"按钮完成设置。

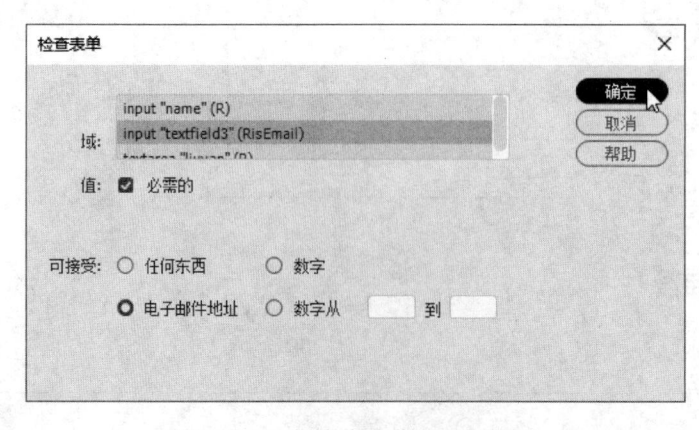

图 3.43 "检查表单"对话框

7. 在"实时视图"中打开网页，不输入内容，单击"提交"按钮，观察是否会出现警告对话框。然后再输入正确信息，提交后观察效果。

8. 保存网页。

其他操作内容

五、实验操作总结

模块 4 管理与发布网站

4.1 管理网站

1. 在离线状态下，链接检查器不能检查（　　）。
   - A. 锚记链接
   - B. 内部链接
   - C. 外部链接
   - D. 以上都不对

2. Dreamweaver 制作的网页（　　）。
   - A. 仅支持 Edge 浏览器
   - B. 仅支持 QQ 浏览器
   - C. 不能同时支持 Edge 浏览器和 QQ 浏览器
   - D. 可以同时支持 Edge 浏览器和 QQ 浏览器

3. 上传网页到服务器上，必须知道（　　）。
   - A. 用户名
   - B. 密码
   - C. 服务器域名或 IP 地址
   - D. 以上三项都对

4. 网页上传完毕后（　　）。
   - A. 可以立即用浏览器打开网页浏览
   - B. 需要知道密码才能打开网页浏览
   - C. 得到网络管理员通知后才能打开网页浏览
   - D. 以上说法都不对

上机实验操作 4.1.1 检查网站中的设置

根据上机实验操作内容，完成实验操作报告。

一、实验操作目的

_____

_____

二、实验操作环境

硬件环境（设备型号）：_____

软件环境（软件名称）：_____

三、实验操作准备

_____

_____

四、实验操作内容

1．在 Dreamweaver 中，单击"站点"按钮，在弹出的菜单中选择"站点选项"→"检查站点范围的连接"选项，打开链接检查器。在"显示"下拉列表中选择"断掉的链接"选项，如图 4.1 所示。查看其中有错误的网页，打开有错误的网页，更改错误的链接设置。

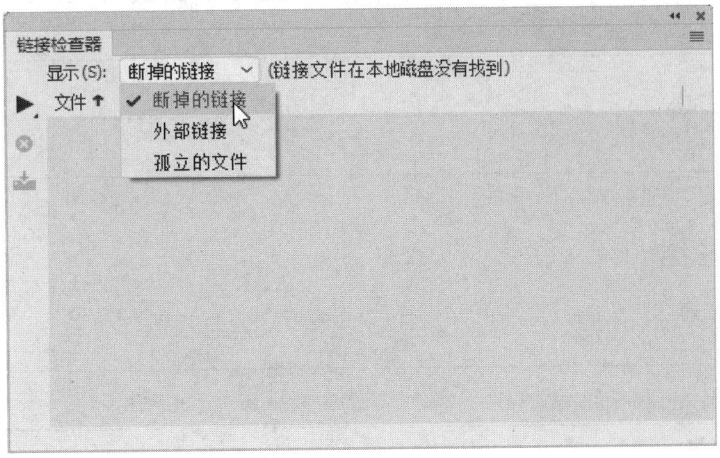

图 4.1 "断掉的链接"选项

2．在"显示"下拉列表中选择"外部链接"选项，查看检查结果，对出现外部链接错误的网页进行修改并保存网页。

3. 在"显示"下拉列表中选择"孤立的文件"选项，确认孤立的文件没有在网站中使用后，在站点中将其删除，如图 4.2 所示。

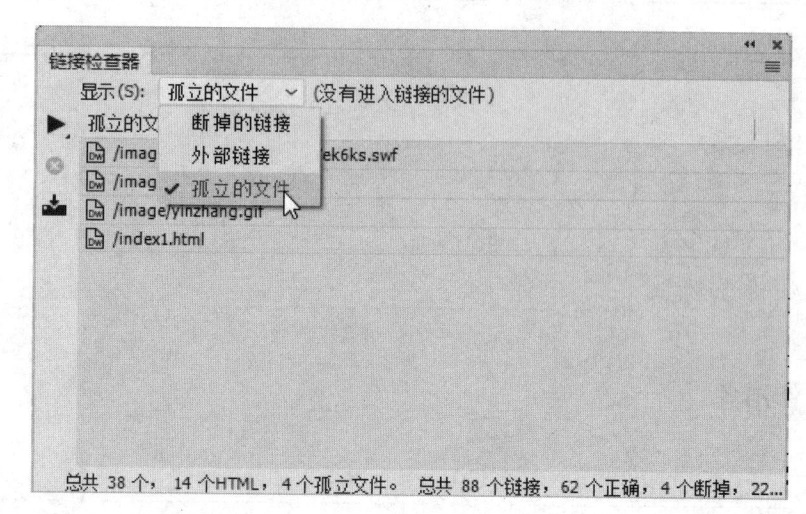

图 4.2 "孤立的文件"选项

其他操作内容

五、实验操作总结

4.2 发布网站

1. Web 服务器需要（　　）和（　　）两个基础平台。
   A．网络硬件平台　　　　　　B．网络软件平台
   C．FTP 平台　　　　　　　　D．WWW 平台

2. 在 Windows 10 上配置 Web 服务器，需要配置（　　）。
   A．FTP 服务器　　　　　　　B．WWW 服务器
   C．IIS　　　　　　　　　　　D．IP 地址

3. （多选题）使用 Dreamweaver 上传网页，配置服务器时需要输入（　　）。
   A．用户名　　　　　　　　　B．密码
   C．服务器域名或 IP 地址　　　D．电子邮件地址

4. 同步的方向是指（　　）。
   A．用计算机的文件覆盖服务器的文件
   B．用服务器的文件覆盖计算机的文件
   C．用较新的文件覆盖较旧的文件
   D．可以根据需要进行设置

上机实验操作 4.2.1　发布网站（选做）

根据上机实验操作内容，完成实验操作报告。

一、实验操作目的

二、实验操作环境

硬件环境（设备型号）：＿＿＿＿＿＿＿＿＿＿＿＿＿＿＿

软件环境（软件名称）：＿＿＿＿＿＿＿＿＿＿＿＿＿＿＿

三、实验操作准备

＿＿＿＿＿＿＿＿＿＿＿＿＿＿＿＿＿＿＿＿＿＿＿＿＿＿＿＿＿＿＿＿＿＿＿＿＿＿＿

＿＿＿＿＿＿＿＿＿＿＿＿＿＿＿＿＿＿＿＿＿＿＿＿＿＿＿＿＿＿＿＿＿＿＿＿＿＿＿

四、实验操作内容

1．获取存放网页的服务器域名或 IP 地址，以及用户名和密码。填入表 4.1 服务器相关信息表备用。

表 4.1　服务器相关信息表

服务器域名或 IP 地址	
用户名	
密码	

2．在系统中配置服务器的信息。单击"站点"按钮，在弹出的菜单中选择"管理站点"选项，在"管理站点"对话框中选中需要编辑的站点。单击"编辑当前选定的站点"按钮，在打开的"管理站点"对话框中的左侧区域选择"服务器"选项。单击"添加新服务器"按钮，在"站点设置对象"对话框中的"FTP 地址"文本栏中输入服务器的 IP 地址。在"用户名"文本栏中输入由服务器提供的用户名。在"密码"文本栏中输入由服务器提供的密码。最后，单击"保存"按钮，关闭"站点设置对象"对话框，在"管理站点"对话框中，单击"完成"按钮完成设置。

3．上传网站。在"文件"面板中，单击"上传"按钮，系统开始查找主机并连接，若没有选择要上传的文件，系统会询问是否上传整个站点。正在上传的文件前会出现一个向上的箭头。连接服务器如图 4.3 所示。

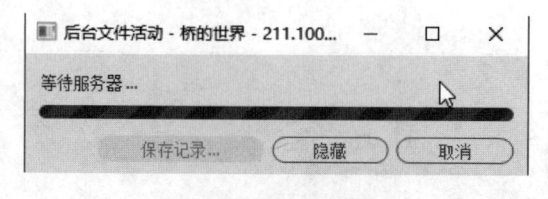

图 4.3　连接服务器

4．文件上传完毕，在浏览器中输入服务器提供的网址，查看网页的效果。

其他操作内容

五、实验操作总结

反侵权盗版声明

电子工业出版社依法对本作品享有专有出版权。任何未经权利人书面许可，复制、销售或通过信息网络传播本作品的行为；歪曲、篡改、剽窃本作品的行为，均违反《中华人民共和国著作权法》，其行为人应承担相应的民事责任和行政责任，构成犯罪的，将被依法追究刑事责任。

为了维护市场秩序，保护权利人的合法权益，我社将依法查处和打击侵权盗版的单位和个人。欢迎社会各界人士积极举报侵权盗版行为，本社将奖励举报有功人员，并保证举报人的信息不被泄露。

举报电话：（010）88254396；（010）88258888

传　　真：（010）88254397 E-mail：dbqq@phei.com.cn

通信地址：北京市万寿路 173 信箱

　　　　　电子工业出版社总编办公室

邮　　编：100036